500种
造景水草图鉴

从经典款到新面孔，网罗各式水草，造景常备工具书！

（日）高城邦之　著　徐怡秋　译

化学工业出版社
·北京·

LAYOUT NI TSUKAERU MIZUKUSA 500 SHUZUKAN

© Kuniyuki Takashiro 2020

Originally published in Japan in 2020 by MPJ Inc.

Chinese (Simplified Character only) translation rights arranged with MPJ Inc.

through TOHAN CORPORATION, TOKYO.

北京市版权局著作权合同登记号：01-2021-7018

图书在版编目（CIP）数据

500 种造景水草图鉴 /（日）高城邦之著；徐怡秋译.
—北京：化学工业出版社，2022.1（2022.5重印）
ISBN 978-7-122-40191-5

Ⅰ.①5…　Ⅱ.①高…②徐…　Ⅲ.①水生维管束植物-
观赏园艺-图集　Ⅳ.① S682.32-64

中国版本图书馆 CIP 数据核字（2021）第 219592 号

责任编辑：孙晓梅　　　　　　　　　　　　装帧设计：张　辉
责任校对：王　静

出版发行：化学工业出版社（北京市东城区青年湖南街13号　邮政编码100011）
印　　装：北京尚唐印刷包装有限公司
787mm×1092mm　1/16　印张10½　字数282千字　2022年5月北京第1版第2次印刷

购书咨询：010-64518888　　　　　　售后服务：010-64518899
网　　址：http://www.cip.com.cn
凡购买本书，如有缺损质量问题，本社销售中心负责调换。

定　　价：128.00元　　　　　　　　　　　　　版权所有　违者必究

序言

～每一种水草都有自己的长处～

只要是水草，我就喜欢。我不会因为水草的种类而产生任何好恶。原生种也好，改良品种也罢，我全都喜欢。有些人只喜欢原生种，他们总觉得改良品种有些差强人意，而我完全没有这种顾虑。无论产于国内还是国外，无论有茎还是无茎，无论喜阴还是喜阳，无论价格高低、品种贵贱，甚至，无论它是漂浮植物、浮叶植物还是挺水植物，只要是水草，我全都喜欢。

对其他事物，我总会诸般挑剔，唯独对水草，我只有喜欢。这种喜欢简直毫无原则。不过，正是这种不带任何好恶的养殖方式，最终令我收获良多。大量的接触令我有机会了解到水草的全貌，虽然还比较粗浅。而随着养殖经验的不断丰富，我对水草的认识也越发深入。

家母生前从未在年幼的孩子面前对生物做过任何负面评价。她从来不说"我讨厌蛇""虫子好恶心"之类的话。其实她好像也很惧怕某些生物，但在孩子面前总是掩饰得很好。因此，在我成长过程中，从未对任何生物产生过偏见。我记得她经常为我朗读一本绘本，作者是玛尔塔·科齐，讲的是一个小姑娘救了一只小燕子，然后她们一起去旅行，并在旅途中与各种各样的动物交朋友的故事。我从小就认为，与生物交朋友是一件十分开心的事。

在本书执笔过程中，我一直不断提醒自己——解说时不要带有任何负面评价。我想介绍的是每种水草的优点、魅力，以及如何最好地展现它们的美。虽然有时介绍缺点会更简单，但我并没有那样做。我也尽量避免使用"这种比那种好"之类的表达方式。因为，这种比较在抬高一方的同时，会贬低另一方。毋庸赘言，每一种水草都有自己的长处。我希望能把每种水草的优点都展示出来，让更多的人对此产生兴趣，让更多的水草走进千家万户。

高城邦之

目 录

水草造景的形式与观赏方法

本书所介绍的水草多达 500 种。
您可以自主选择使用哪种水草进行造景，以及如何欣赏它们。
下面来了解一下比较有代表性的水草造景形式和观赏方法，以资借鉴。

以有茎草为中心的水草造景

有茎草形态多样，色彩丰富，是水草造景的主力素材。与鲜艳多姿的热带鱼搭配起来也十分优美，具有无可争议的魅力。有茎草生长旺盛，用于造景时，不仅景观完成速度快，还可以欣赏到不断变化的水景。

景观制作：丸山高广　摄影：石渡俊晴

以放射状水草为中心的水草造景

很多水草虽然极少在造景大赛中使用，但却极富魅力。左图就是一个很好的示例。放射状水草生长起来需要花费很长时间，因此需要经过较长时间的打磨才会凸显出它的存在。

景观制作：高城邦之
（市谷垂钓·水族用品中心）
摄影：石渡俊晴

室内装饰用水草造景

用水草打造的精美草缸，本身就具有极高的艺术性。近年来，在室内装修领域也备受瞩目。可以根据使用场所调整缸的尺寸，设计出与家装相匹配的草缸。

（神奈川县·长谷川先生家
景观制作: AQUA LINK　　摄影: 桥本直之）

开放型水草造景

我们在大自然中观赏水草时，通常都是从水面上方眺望。而开放型草缸有助于我们再现这种观赏方式。它的妙趣就在于，可以观赏浮叶、水上叶，偶尔还能观赏花朵，令人充分感受到水草的多样性。

景观制作: 神田亮（REMIX）　　摄影: 石渡俊晴

小型玻璃器皿水草造景

自从出现在电视节目上以后，人们现在可以在越来越多的场合见到这种用小型玻璃器皿打造的迷你水草缸。由于可以使用各种身边的玻璃器皿，上手比较容易，因此深受初学者的欢迎。如果精心设计，可以制作出右图中的精美效果。

景观制作: 吉原将史（AQUARIUM SHOP Breath）
摄影: 石渡俊晴

养殖水草的必备工具

只要工具完备，养殖水草会比想象中更简单。
除了草缸、底床材料等基本物品外，再准备一些镊子、
胶黏剂等，操作起来会更为方便。

草缸

想要欣赏优美的水草景观，草缸的选择大有讲究。很多新品草缸的设计感十足，如无框草缸、采用彩色玻璃的草缸等，可以让水草看起来更具魅力。

ADA 透明草缸（ADA Cube Garden）

采用了高品质的透明玻璃，旨在令水景更为优美、清晰。

GEX 都市黑草缸（GEX Glassterior LX450 URBAN BLACK）

背面及侧面采用了黑色的高品质彩色玻璃，令水景看上去更具深度，带来一种全新感受。

过滤器

过滤器不仅可以净化水质，还可以起到调节水流的作用，从而为水草的生长提供一个稳定的环境。考虑到 CO_2 的添加效率、过滤能力等方面的因素，外置过滤器使用起来会更为顺手。

照明灯

水草需要通过光合作用才能生长，因此光源供给必不可少。近年来，LED 水族灯得到普及，对水草的养殖起到了积极的作用。可根据草缸大小进行选择。

ADA 强力金属过滤桶 ES-1200

此款外置过滤器，不仅兼具高性能与设计感，且各项指标都很适合水草造景。

GEX 水族过滤桶 6090

此款高品质外置过滤器，采用了水中马达，静音性、维护性及过滤能力都得到了提升。

GEX 水族灯（GEX CLEAR LED POWER Ⅲ 450）

三色 LED 水族灯，光线极为明亮，令水草颜色更为鲜艳，景观更为清晰。

ADA 索拉 RGB 水族灯（ADA Solar RGB）

新型 LED 水族灯，不仅有利于水草的健康生长，也会令水草颜色更为鲜艳、优美。

底床材料

大部分水草需要在底床上扎根才能健康生长，因此选对底床材料十分重要。由富含各种有机养分的基质加工制成的底床材料（俗称水草泥）适用于大部分水草，使用方便。

ADA 亚马孙水草泥（ADA Aqua Soil Amazonia）

富含有机酸及营养成分，能够促进水草根部生长。适用于喜弱酸性水质的水草。

GEX 五味水草泥

富含水草所需的多种养分（枸溶性磷、硫酸钾）。适合硝化细菌着床，能保持水质清澈。

Delphys 水草泥（RIVERA SOIL）

富含氮素及多种微量元素。能促进水草扎根，令水草长期保持生机与活力。

CO₂ 添加器

水草的生长需要光合作用，而光合作用离不开 CO_2（二氧化碳）。养殖了大量水草的草缸中，必须使用专用设备强制性添加 CO_2，有效促进光合作用。

ADA 二氧化碳超越系统套装－森林（ADA CO₂ ADVANCED SYSTEM-FOREST）

这是一款包含了添加 CO_2 所需的所有配套器具的套装。套装内容有二氧化碳 74 系统 -YA/Ver.2、CO_2 气瓶、简en版计泡式细化器、逆流防止阀、球形开关阀、CO_2 气瓶金属底座、耐压管、硅胶软管、各类所需橡胶吸盘、吸液管。一箱在手，方便快捷。

营养添加剂

养殖水草时不仅需要补光和添加 CO_2，添加一些必要的营养素与微量元素也非常重要。如果这些元素添加得当，水草会生长得更健康、更漂亮。

Delphys 水草泥注射液肥（Soil gun）

可将水草所需的营养成分直接注入底床材料（水草泥）中，由根部进行补给。

DOOA 水景液肥

富含水草生长过程中所必需的各种营养素，营养均衡。

ADA 水草液肥（ADA GREEN BRIGHTY NITROGEN）

通过添加氮素，使水草叶色更浓，促进水草生长。

便利工具

下面为您介绍一些实用的水草造景工具。除了常用的剪刀和镊子之外，黏着剂现在也很受欢迎，它可以直接将水草粘在石头或沉木上，非常方便。

ADA 波浪剪

功能强大的万能型剪刀，独特的弯曲造型适用于各类水草修剪。

ADA 水草专用镊子

精工细作的水草专用镊子，弹性、镊尖的精度以及镊身的长度全部符合专业要求。

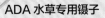

Delphys 速干水草胶（淡水用）

此款速干水草胶与水分反应后会瞬间硬化，可将水草瞬间固定在石头或沉木上。

Delphys 沉木固定支架

可将沉木固定在草缸壁的吸盘式固定装置。适用于工艺复杂、景观立体的水草造景。

GEX 加热器（STANDY 120）

适用于草缸的冬季保温。26℃ 恒温式加热器，安装方向不限，配有防空烧温度感应器，使用安全有保障。

水草造景的主角!
人气水草全明星阵容

首先为您精选出的是最近备受瞩目的人气水草品种。
它们有产自欧洲的,也有产自亚洲的,共性就是"容易养殖"、"便于造景"。
这些水草虽然各具特色,但形态优美是它们共通的魅力。
您准备选用哪一款水草进行造景呢?

水草种类12种:(001～012)/500种

适用于前景

流行于全球,21世纪最受欢迎的前景草

趴地矮珍珠

Micranthemum tweediei (Micranthemum tweediei 'Monte carlo')

母草科 / 别名:爬地矮珍珠
分布:南美洲
光量: ☐ **CO_2量:** ● **底床:** ▲ ▲

水中叶呈宽卵形至圆形不等,长5～6mm,宽3～5mm,叶色为明亮的绿色。葡匐生长过程中会不断分枝。在保证强光照射并添加CO_2的情况下,养殖很容易。虽然无需额外照料,但如果换水不够及时,可能会影响长势。趴地矮珍珠可以轻松地制造出绿色地毯效果,因而自2010年从阿根廷引入日本后,很快扩散到世界各地,在全球范围内流行。不仅适用于前景,还可用于填补细小缝隙。

适用于前景

既可爬行,也可向上生长的前景草

三裂天胡荽

Hydrocotyle tripartita

五加科
别名:日本天胡荽
分布:澳大利亚、新西兰
光量: ☐☐ **CO_2量:** ●● **底床:** ▲

据说原产于澳大利亚,但具体信息不详。由于主要是通过日本传播到世界各地,因此常被称作"日本天胡荽(*Hydrocotyle* sp. 'Japan')"。主要特征是叶片边缘有较深的缺刻。很容易养殖,不过若想用它覆盖住整片前景,必须保证较强的光量,并添加足够的CO_2。由于生长速度较快,必须认真修剪,否则很容易长得过高。造景时也可调暗光线,引导它向上生长。

适用于前景 亚洲产前景草的新经典。
没有生长速度过快的烦恼

普列托电光榕

Schismatoglottis prietoi

天南星科 / 分布：菲律宾
光量：□ CO₂量：● 底床：▲ ▲

叶呈卵形、窄矩状卵形、宽矩状卵形或略窄的椭圆形，长 3 ~
4cm，有时长可达 7.5cm，宽 1 ~ 2cm，叶片边缘呈剧烈的波浪
状起伏。整体高度为 2 ~ 8cm，草缸内高度为 4 ~ 5cm。易养殖，
也易繁殖，可用作前景草。此外，由于本种的出现，统一使用产自
亚洲的水草进行造景变得不再困难。在原产地，可以在水中形成
大型群落，将其再现于草缸中，也不失为一种乐趣。

适用于中后景 越南产的红色宫廷草，
仿佛草缸中燃起熊熊火焰

越南紫宫廷

Rotala rotundifolia 'H'Ra'

千屈菜科
别名：嘉莱紫宫廷（*Rotala* 'Gia Lai'）、紫宫廷、云端
分布：越南
光量：□ CO₂量：● 底床：▲ ▲

原产于越南嘉莱省哈拉村，叶色由深橘色至红色，富有变化。兼
具各种人气要素，如：叶片较细，易分枝，可由上至下爬行生长
等。再加上容易发色，在世界各地都极受欢迎。造景中需要用大
红色进行点缀时，使用越南紫宫廷效果会很好。可广泛用于大、
中、小型等各种尺寸的草缸。

适用于中后景 你发现了吗？
绿穗宫廷的丛生之美

绿穗宫廷

Rotala rotundifolia 'spikey'

千屈菜科
分布：印度
光量：□ □ CO₂量：● ● 底床：▲ ▲

鲜艳的绿色叶片十分醒目，与略带红色的茎形成鲜明对比，很有
魅力。如果将亚拉圭亚小百叶变成宫廷草，肯定就是这种效果。
既保持了绿叶红茎的优美外观，又具备宫廷草容易养殖的特色。
分枝不断，细叶茂密，非常适合用于水草造景。茂盛的绿穗宫廷
具有一种能被普罗大众所接受的普世之美。

适用于中后景 红上加红！
浓烈的色彩与精巧的株型正流行

超红水丁香

Ludwigia 'Super Red'

柳叶菜科 / 改良品种
光量：□ □ CO₂量：● ● 底床：▲ ▲

改良品种，最早出现在泰国。叶片很容易变成红色，不像红雨伞或红叶
水丁香那样，发色需要很多条件。而且，在合适的环境中，红色会非常浓
郁，甚至接近紫色。因此，近年来已迅速在全世界范围内普及。超红水
丁香另一个深受欢迎的特征是株型矮小，既可用于大型草缸中的细密布
局，也可在小型草缸中大放异彩，使用方便，在红色系水草中格外出众。

适用于后景 椒草届的新面孔，
置于后景时稳定感出类拔萃

斯氏椒草

Cryptocoryne sivadasanii

天南星科
分布：印度
光量：☐　CO_2 量：● 　底床：▲ ▲

叶片极细，酷似线叶椒草，长度可达 100cm 以上。属于季节性植物，在野外生长时，会有一段休眠期。不过，与同为季节性植物的喷泉椒草不同，斯氏椒草在草缸中可全年生长。喜硬度较高的水质，容易养殖。2016 年开始出现在日本市场上，多由印度和欧洲的水草养殖场引进，非常适合用于后景装饰。

适用于后景 纤细而强健，
便捷多用，好评如潮

四叶水蜡烛

Pogostemon quadrifolius

唇形科
别名：四叶刺蕊草、章鱼状刺蕊草
分布：孟加拉、印度、缅甸、老挝
光量：☐　CO_2 量：● 　底床：▲ ▲

叶长 6 ~ 10cm，宽 0.5 ~ 0.8cm。叶片表面为明亮的绿色，背面带有浅紫色，在水中摇曳的姿态分外美丽。在刺蕊草属的水草中绝对属于皮实好养的类型。生长速度极快，可代替带状水草置于后景，修剪后也能很快生长成型。换到新环境后，长势多少会受一些影响，但适应力极强，很快就能恢复原状，这也是它的优点之一，很适合初学者。

适用于后景 这居然是谷精草科水草！
造型独特，使用方便，五星好评

丛生毛掸谷精草

Eriocaulon 'Social Feather Duster'

谷精草科
分布：印度
光量：☐　CO_2 量：● 　底床：▲ ▲

Social 包含"丛生"的意思，顾名思义，这种水草可以从根部分株，很容易繁殖。Feather Duster 是"羽毛掸子"的意思，这一点看它的外形就不难明白。在一些国家会直接把它简称为"羽毛掸子"。丝状的水中叶可长达 40cm 以上，形态独特。无需特殊的养殖条件，对环境也没有特殊要求，是非常容易养殖的后景草。既可横向长成一排，也可保持单体的掸子造型，效果都很不错。

附着性水草 令人爱上用附着性水草造景的超小型水榕

穿山甲小榕

Anubias barteri var. nana 'Pangolino'

天南星科 / 别名：波利诺榕 / 改良品种
光量：☐　CO₂量：●　底床：▲ ▲

穿山甲小榕是小榕的超小品种，因外形酷似覆满鳞片的珍兽穿山甲而得名。叶呈披针形，叶尖尖锐，搭配上浓郁的叶色，感觉十分锋利。长1～1.5cm。养殖较容易，保证基本的养殖条件即可，不过生长速度较慢，补充明亮的光线并添加CO₂后，生长会更好。虽然耗时较久，但形成丛生状态后，形态十分优美。将其固定在带枝条的沉木上，可以更生动地表现"树木"造型。

附着性水草 附着性水草中的有茎草，水草界的无边界明星

羽裂水蓑衣

Hygrophila pinnatifida

爵床科 / 别名：锯齿艳柳
分布：印度
光量：☐　CO₂量：●　底床：▲ ▲

羽裂水蓑衣非常特别，它可以生长在水流湍急的河流里，具有附着在沉木和石头上的能力。水中叶呈椭圆形，羽状中裂至深裂。叶尖较圆，形态柔和。长5～15cm，宽1cm左右。叶色由橄榄绿色至棕褐色。需要添加CO₂并定期补充钾肥来保障其健康生长。如果光线过强，水草会趋向于小型化。除了附着生长外，也可直接种在地面上。

附着性水草 最适合水草造景的铁皇冠品种，使用方便

三叉铁皇冠

Microsorum pteropus 'Trident'

水龙骨科
改良品种
光量：☐　CO₂量：●　底床：▲ ▲

三叉铁皇冠具有2个或2个以上侧裂片。由于中央裂片与侧裂片的叶宽与叶长相差极小，看上去就像一片叶子上长出很多细叶一样。因此，很容易生长成茂密的植株，是近年来最受欢迎的水草品种之一。此外，三叉铁皇冠与细叶的有茎草搭配起来效果也很好，可广泛用于各类造景。喜水流良好、光线明亮的场所，皮实，易养殖。

充分发挥出每种水草的特色，草缸内一片色彩鲜明、生机盎然的景象。
制作管理：船田光佑（神畑养鱼） 协作：志藤范行（Aquaium） 摄影：石渡俊晴

造景水草图鉴

本书从全球范围内的野生水草和经品种改良的水草中严选出 500 种，
它们都极具魅力，非常适合用于造景。
下文详细讲解了每种水草的特性，希望能对您的水草造景有所帮助！

匍茎慈姑  ❷

Helanthium tenellum（*Echinodorus tenellus*）❸

泽泻科 ❹
别名： 针叶皇冠草 ❺
分布： 北美洲、中美洲、南美洲 ❻
光量： ☐　**CO₂量：** ●　**底床：** ▲ ▲　　**图标**

水中叶长 5 ~ 10cm，宽 1.5mm，叶色从绿色到橄榄绿不等，很多叶片略带红色。2008 年开始，匍茎慈姑从肋果慈姑属（*Echinodorus*）中分离出来，转移到匍茎慈姑属（*Helanthium*），种加词（种小名）则改为 *tenellum*，不过，市场上仍多沿用旧名出售。对环境要求不高，皮实，容易养殖。可通过走茎繁殖，繁殖方法十分简单，最适合用作入门级的前景草。注意防止大和藻虾的啃食。 ❼

图鉴的使用方法

❶ **水草图片：** 主要选择最能反映该水草在水中状态（水中叶）的图片。

❷ **通称：** 在国内使用的名称。

❸ **学名：** 世界通用的学术名称。用拉丁语标注"属名＋种加词"。

❹ **科名：** 该水草所属的科，在分类学上位于属的上一级。对于了解该种水草与哪些植物属于同类，具有重要意义。

❺ **别名：** 除通称外广为人知的名称。

❻ **分布：** 该物种在自然条件下生长的国家或地区。改良品种不标注分布区。

❼ **解说：** 讲解该水草的特征、养殖方式、造景要领等。

图标的含义

🛡 容易养殖的入门级水草。适合刚开始接触水草养殖的初学者。

光量： 用图标显示草缸养殖该水草时所用 LED 水草灯的强度。
　　☐ 普通光（1500 ~ 2500lm）
　　☐☐ 强光（2500 ~ 4500lm）
　　注 1：光量以 60cm 标准草缸内使用的 LED 水草灯为标准，lm（流明）是描述光通量的物理单位，用来表示光源发出的光量。
　　注 2：水草造景需要从水草养殖与观赏两方面来考虑照明，因此，还要参考色温、显色性、波长范围、照射角度等其他条件。以上数字仅提供一个大致参考。

CO₂量： 用图标显示打造草缸时需向水中强制添加 CO₂（二氧化碳）的标准。
　　● 普通量（每秒 1 泡）
　　●● 大量（每秒 2 ~ 3 泡）
　　注 3：CO₂添加量以 60cm 标准草缸内二氧化碳计泡器每秒释放出的气泡数量为标准。

底床： 底床材料的种类
　　▲ 水草泥类型的底床材料
　　▲ 大矾砂类型的底床材料

前景草造景实例

一大片绿色地毯般的水草几乎是每个水草爱好者心中的梦想。如果能利用好前景草，不仅景观会十分优美，还能使草缸内的空间显得更为开阔。因此，选择叶片细小、株型低矮的水草效果会更好。

景观制作：市桥康宽（REMIX）
摄影：桥本直之

有效运用了前景草的造景实例

草缸前方配置的是迷你矮珍珠，这种水草在前景草中也属于格外矮小的类型。它与后方的两种小型水草形成对比，营造出十分细腻的景观。

数据

草缸尺寸：长 60cm × 宽 30cm × 高 36cm
过滤：伊罕 ECCO 过滤器 2234（EHEIM ECCO 2234）
照明：ADA 索拉 RGB 水族灯（ADA Solar RGB 130W LED），每日 12 小时照明
底床：ADA 亚马孙水草泥、白金水草泥（PLATINUM Soil）
CO_2：每秒 2 泡
添加剂：ADA 水草液肥（钾肥、矿物质肥、铁肥），每种液肥每 2 日添加 1 次，每次 3ml
换水：每周 2 次，每次 1/2
水温：24 ~ 25℃
生物：鸿运当头孔雀鱼（RRE）、小精灵鱼、锯齿新米虾
水草：珍珠草、禾叶挖耳草、迷你矮珍珠

迷你矮珍珠可以打造出一片繁茂的绿色地毯。只需调整好照明与肥料，就能形成一片非常完美的前景。

利用前景草打造色彩鲜明的绿色地毯

在优美的三角形构图中，生机盎然的矮珍珠形成了一片绿色地毯，使得整个草缸看上去要比实际尺寸开阔很多。这一造景作品出自名家之手，令人不禁想要模仿。

景观制作：志藤范行（An aquarium） 摄影：石渡俊晴

数据

草缸尺寸：长 90cm × 宽 45cm × 高 45cm
过滤：ADA 强力金属过滤桶 ES-1200
照明：32W 荧光灯 ×6 盏，每日 10 小时照明
底床：ADA 亚马孙水草泥、ADA 能源砂 M（ADA POWER SAND SPECIAL M）
CO_2：每秒 3～4 泡
添加剂：Master glow 能量生长液，每周添加 1 次，每次 5ml
换水：每 2 周 1 次，每次 1/2
水质：pH6.5, 25℃

生物：宝莲灯鱼（阿氏霓虹脂鲤，*Paracheirodon axelrodi*）、一眉道人鱼（丹尼氏无须魮，*Puntius denisoni*）、黑线飞狐鱼（暹罗食藻鱼，*Crossocheilus siamensis*）、小精灵鱼、大和藻虾（*Caridina multidentata*）
水草：黄松尾、百叶草、豹纹红蝴蝶（*Rotala macrandra* 'Variegated'）、塔巴赫斯小可爱红睡莲（*Nymphaea* sp. 'Rio Tapajos Red Dwarf Nymphaea'）、矮珍珠、小莎草、巴西虎耳

以鹿角苔为前景的立体造景

说起点缀前景的水草，不能不提到鹿角苔。鹿角苔的顶端会冒出很多氧气气泡，营造出一种梦幻的美感，令人陶醉。在进行光合作用时，鹿角苔只需用水中胶黏剂将组织培养株粘在石头或沉木上，即可轻松打造美景。

景观制作：佐藤雅一（Tropiland） 摄影：石渡俊晴

数据

草缸尺寸：长 90cm × 宽 45cm × 高 45cm
过滤：伊罕过滤器 2328（EHEIM 2328）
照明：ADA 水族灯（ADA Solar I），每日 8 小时照明
底床：适合水草生长的基质
CO_2：每 2 秒 1 泡
添加剂：每日添加 ADA 活性钾肥（ADA BRIGHTY K）及 ADA 水草液肥（ADA GREEN BRIGHTY STEP2）；每 1～2 周添加 1～2 次水草营养液；每 3 个月添加 1 次水草根肥（WATER PLANT FERTILIZER）

换水：每 3 周 1 次，每次 1/3
水质：pH7.4, 26℃
生物：宝莲灯鱼、孔雀鱼、锯齿新米虾
水草：鹿角苔、珍珠草、日本箦藻、绿宫廷、绿乌拉圭皇冠草（*Echinodorus horemanii* 'Green'）、爪哇莫丝、柳叶皇冠草、小红莓、泰国水剑

前景草图鉴

除了不能长得太高以外，前景草还需满足另外一个条件——能迅速繁殖。那些容易长出匍匐茎，或是能在匍匐生长过程中不断分枝的水草，可以严密地覆盖住草缸前部，形成一片美丽的绿色地毯。

水草种类 32 种：(013 ~ 044)/500 种

矮珍珠

Glossostigma elatinoides

透骨草科
分布：澳大利亚、新西兰

光量：☐☐ CO₂ 量：● ● 底床：▲ ▲

最具代表性的前景草。茎会不断分枝，在地面上匍匐生长，直至完全覆盖住草底。必须保证强光照射并添加 CO₂，使用营养丰富的水草泥效果也很好。由于耐寒性、抗旱性都很强，目前在世界各地都出现了有关矮珍珠归化问题的报告，引发了极大关注。为了避免给生态系统造成危害，一定不要将它扔到室外。

小果草

Microcarpaea minima

透骨草科 / 别名：微果草
分布：中国、日本、南亚、东南亚、澳大利亚北部
光量：□□　**CO$_2$量：**● ●　**底床：**▲ ▲

外形酷似肉叶草（*Crassula helmsii*）。广泛分布于日本至澳大利亚一带，是一种水田杂草。水中叶呈线形，长2cm，宽1~2mm。保证强光照射并适量添加CO$_2$后，可匍匐生长，并不断分枝，适用于前景。修剪时如果造型得当，可形成毫无缝隙的密实景观。

迷你椒草

Cryptocoryne parva

天南星科 / 别名：帕夫椒草
分布：斯里兰卡
光量：□　**CO$_2$量：**●　**底床：**▲ ▲

最适合用于前景的小型椒草。尤其是从新加坡东方水族馆进口的迷你椒草，叶片可以扁平生长，最终能形成一片矮矮的绿色地毯。由于生长速度缓慢，很难繁殖，因此，造景时一定要从一开始就大量种植。不同于其他前景草，迷你椒草无需担心长势过旺，这也是它的魅力之一。

威利斯椒草

Cryptocoryne × willisii

天南星科 / 别名：小椒草、伟莉椒草
分布：斯里兰卡
光量：□　**CO$_2$量：**●　**底床：**▲ ▲

据推测，威利斯椒草的产地位于斯里兰卡中部康提近郊一带，属于自然杂交种。在草缸内的高度为5~15cm，叶宽0.6~1.5cm，属于小型水草。叶呈披针形，叶缘平滑，叶色为绿色。威利斯椒草是迷你椒草、渥克椒草与贝克椒草的杂交种，亲本比较复杂，因此外形也多种多样。此外，由于它在每个水草繁殖场的称呼都不一样，因而名称比较混乱。非常皮实，容易养殖。

内维威利斯椒草

Cryptocoryne × willisii 'Nevillii'

天南星科 / 别名：内维伟莉椒草
分布：斯里兰卡
光量：□　**CO$_2$量：**●　**底床：**▲ ▲

与内维椒草（*Cryptocoryne nevillii*）属于完全不同的种，主要分布于斯里兰卡东部，在持续数月的旱季里会一直休眠，难以长期栽培。目前市面上流通的多为威利斯椒草的杂交品种，叶幅较宽。水中叶呈较细的披针形，丛生姿态十分优美。名称非常混乱，以同样名称进货的水草中也有水中叶会呈棕绿色的类型。

露蒂霍比特椒草

Cryptocoryne walkeri 'Lutea Hobbit'

天南星科 ／ 别名：露蒂霍比特渥克椒草
改良品种
光量：☐ **CO₂量：**● **底床：**▲ ▲

从德国丹尼尔（Dennerle）公司进口的矮小水草品种，高度约5cm。此水草属于改良品种，由水草养殖场温室中发现的露蒂椒草变异株进行组织培养后得来。通常装在茎尖培养杯或小花盆里出售。与露蒂椒草相比，生长速度比较缓慢，如果不及时换水，叶片上容易附生藻类，需特别注意。光线充足的情况下，叶片会变成略带紫色的棕色，很适合用作前景中的点缀。

匍茎慈姑

Helanthium tenellum（*Echinodorus tenellus*）

泽泻科 ／ 别名：针叶皇冠草
分布：北美洲、中美洲、南美洲
光量：☐ **CO₂量：**● **底床：**▲ ▲

水中叶长5～10cm，宽1.5mm，叶色从绿色到橄榄绿不等，很多叶片略带红色。2008年开始，匍茎慈姑从肋果慈姑属（*Echinodorus*）中分离出来，转移到匍茎慈姑属（*Helanthium*），种加词（种小名）则改为 *tenellum*，不过，市场上仍多沿用旧名出售。对环境要求不高，皮实，容易养殖。可通过走茎繁殖，繁殖方法十分简单，最适合用作入门级的前景草。注意防止大和藻虾的啃食。

红匍茎慈姑

Helanthium tenellum 'Red'

泽泻科 ／ 别名：圣弗朗西斯科皇冠草、粉红针叶皇冠草
分布：巴西
光量：☐ **CO₂量：**● **底床：**▲ ▲

原产于巴西圣弗朗西斯科河，叶片带有浓郁的红色。不同于匍茎慈姑叶片的红棕色，红匍茎慈姑的叶片更偏向于鲜艳的粉红色，因此，也被称作"粉红针叶皇冠草"。底床使用水草泥，并保证强光照射，可以使水草的红色更为浓郁。添加一些降pH与KH的调节剂，养殖会更加容易。除了布置在草缸的最前列之外，还可放在其他前景草之后，用作点缀。

长喙毛茛泽泻

Ranalisma rostratum (*Ranalisma rostrata*)

泽泻科 ／ 别名：毛茛皇冠草
分布：中国、印度、马来西亚、越南
光量：☐ **CO₂量：**● **底床：**▲ ▲

水上叶呈卵形至卵状椭圆形不等，长3～4.5cm，宽3～3.5cm。叶片全缘，叶色为绿色。叶柄长12～32cm，市场上销售的栽培品种多为3～4cm。水中叶的形状酷似迷你针叶皇冠草（迷你匍茎慈姑，*Helanthium tenellum* 'Parvulum'），不过，从水上叶的形态以及开花后的样子很容易分辨出二者的不同，长喙毛茛泽泻开花后会结出附着70多粒种子的栗球状聚合瘦果。二者养殖条件基本相同，不过，本种的走茎繁殖更为旺盛。

北极星谷精草

Eriocaulon 'Polaris'

谷精草科
分布：越南
光量： □ **CO$_2$量：** ● **底床：** ▲

一种东南亚十分常见的小型细叶谷精草。以天上的北极星命名。来源不明，外观很像白药谷精草（*Eriocaulon cinereum*）。植株能长到5cm左右，植株充分成长后，叶片数量较多，形状酷似海胆，十分壮观。原本就属于非常容易养殖的类型，自从组织培养苗开始在市场上流通以后，就更容易被引入草缸中。喜富营养水质，使用底床肥料效果会更好。可用于前景点缀，或石头、沉木前的焦点造型。

牛毛毡

Eleocharis parvula（丹麦卓必客公司称之为 *Eleocharis pusilla*）

莎草科
分布：澳大利亚、南美洲、日本等
光量： □ **CO$_2$量：** ● **底床：** ▲ ▲

造景中不可或缺的小型水草。普通的小莎草容易笔直生长，而牛毛毡的叶片比较容易弯曲生长。因此，可用来制作更低矮的前景效果，一直广受欢迎。据说卓必客（Tropica）公司的牛毛毡产品产自澳大利亚和新西兰。此外，市场上流通的牛毛毡还包括产自南美、日本等地的多个品种。

小莎草

Eleocharis acicularis

莎草科
分布：日本、澳大利亚、亚洲、北美洲、南美洲、非洲北部
光量： □ **CO$_2$量：** ● **底床：** ▲ ▲

高度为2～15cm。毛发般纤细婀娜的身姿十分优美。地下茎会不断伸展、分株，很容易形成群落，非常适合用来铺建绿色地毯。底床使用大矶砂时，叶片主要呈直线形生长，使用水草泥时，叶片则向外弯曲生长。底床为水草泥时无需添加CO$_2$，但水草长势会比较稀疏，不容易形成地毯效果。在超小型草缸中，也可用于后景。

马蹄沟繁缕

Elatine hydropiper

沟繁缕科
分布：欧洲、亚洲
光量： □ □ **CO$_2$量：** ● ● **底床：** ▲ ▲

外形酷似小型的矮珍珠。水上草转水较为困难，需要较多二氧化碳，期间生长缓慢，完全转为水中草后方恢复正常生长速度。必须保证强光照射并添加足量的CO$_2$，最好使用新型水草泥，勤换水。生长速度不会很快，无需经常修剪即可长期保持前景的美观。目前，已有很多品种在市场上流通。

印度沟繁缕

Elatine triandra 'Ratnagiri'

沟繁缕科 / 分布：印度
光量：☐☐ **CO₂量：**● ● **底床：**▲

沟繁缕科的水草广泛分布于世界各地。本种原产于印度的勒德纳吉里县（Ratnagiri），叶片柔软，颜色明亮，匍匐生长，用作前景时，能制作出地面上洒满阳光的效果，非常漂亮。养殖时需将pH值控制在较低水平。另外，为了防止下叶腐烂，应及时修剪重植。

短柄沟繁缕

Elatine gratioloides

沟繁缕科 / 分布：澳大利亚、新西兰
光量：☐☐ **CO₂量：**● ● **底床：**▲

水中叶呈狭披针形，长25mm，宽4mm。质地较薄，绿白色。强光下可匍匐生长，并不断分枝。对水温的适应力较强，18～32℃的水温中均可养殖。不过水温保持在25℃以下时，生长状态最好。草缸养殖时，同样条件下要比日本产的沟繁缕水草更皮实。也有人认为澳大利亚产的沟繁缕学名为 *"Elatine macrocalyx"*，中文名是大萼沟繁缕，与本种属于不同的物种（据2002年记载）。

红头趴趴熊

Rotala mexicana 'Goias'

千屈菜科 / 分布：巴西
光量：☐☐ **CO₂量：**● ● **底床：**▲

节节菜属水草，原产于巴西。叶长1cm，宽1.5mm。属于小型红色水草，是为数不多的红色前景草之一，也可用于小型草缸，使用方便。强光下常匍匐生长，可用作地面覆盖物。不过，当它们覆盖住整块地面后，就会开始向上生长。如果反复修剪，水草长势容易变弱，最好使用上方的新茎进行重植，以更新植株。

南美水马齿

Callitriche sp. 'Sao Paulo'

车前科 / 分布：巴西
光量：☐☐ **CO₂量：**● ● **底床：**▲

叶片极小，适用于前景。水中叶呈椭圆形，长3～4mm，宽1mm左右。叶色为鲜艳的绿色。茎在地面上匍匐生长，并不断分枝、展开，形成一片绿色地毯。覆盖满整块地面后，就开始向上生长，随着厚度的增加，光线和水流将无法到达下部，水草容易衰弱、腐败，最终，很可能造成整片水草迅速枯败。为了防止出现这种情况，必须提早进行修剪。

迷你矮珍珠

Micranthemum callitrichoides
(*Hemianthus callitrichoides* 'Cuba')

母草科 / 分布：巴西、巴哈马、波多黎各
光量：□□ **CO_2量：**● ● **底床：**▲ ▲

水中叶呈卵形至倒卵形，叶长 3mm，宽 2mm 左右。茎在地面上葡匐生长，并不断分枝、展开，形成一片绿色地毯。株型极为矮小，也很适合用于小型草缸。与其他前景草一样，养殖时要注意保证强光照射并添加适量的 CO_2。使用底砂时需添加底床肥料，使用水草泥时，要注意 KH 值不要过低。勤换水，效果会更好。

禾叶挖耳草

Utricularia graminifolia

狸藻科 / 分布：中国、南亚、缅甸、泰国
光量：□□ **CO_2量：**● ● **底床：**▲

禾叶挖耳草属于陆生小草本植物，与水生的狸藻同属，都属于食虫植物。本种是在湿地上生长的草本植物中比较适应水下生活的类型。可葡匐生长，形成一片绿色地毯，叶色明亮，整体风格与其他前景草截然不同。地下茎上长有捕虫囊，可以捕捉小虫，无需投放饵料。与其他水草一样，可通过光合作用生长，因此只需保证充足的光照与 CO_2 即可。

圣塔伦小可爱睡莲

Nymphaea sp. 'Santarem Dwarf'

睡莲科 / 别名：圣塔伦锁链睡莲、南美小可爱睡莲
分布：巴西
光量：□□ **CO_2量：**● ● **底床：**▲

原产于巴西的小型原生种睡莲。草缸养殖时，几乎见不到浮叶，很容易适应水下生活。它会不断伸出地下茎，形成子株，因而又被称为"锁链睡莲"。在自然环境中欣赏到水草水中叶的丛生之美并不稀奇，但能在草缸中再现这一景象，则十分难得。圣塔伦小可爱睡莲就是一种水中叶能在草缸中丛生的水草，因而十分珍贵。它不仅可用于中景，也可用于前景。

亚拉圭亚尖红水蓑衣

Hygrophila 'Araguaia Red Sharp'

爵床科 / 分布：巴西
光量：□□ **CO_2量：**● ● **底床：**▲

水中叶呈线状披针形，长 5 ~ 6cm，宽 2 ~ 3mm。叶色红色中略带褐色，叶脉为白色。茎基部可以分枝，葡匐伸展后，继续向上生长。反复分枝后，可形成一片低矮的草丛。草缸养殖时，最好使用水草泥，保证强光照射并添加 CO_2。此外，添加降 pH 与 KH 的调节剂效果也不错。有些产于亚洲的水草，外形与本种十分相似，市场上流通时常常会将它们混淆。

南美叉柱花

Staurogyne repens

爵床科 / 分布: 巴西

光量: ☐☐   CO₂量: ● ●   底床: ▲

亚马孙流域产的叉柱花属水草的一种,采集自巴西马托格罗索州的亚拉圭亚河,属于非常皮实的水草。草缸养殖时,需使用水草泥,配合强光照射并添加 CO_2。通常亚马孙流域产的叉柱花属的水草,如果不添加降 pH 值调节剂,很容易溶化,但养殖南美叉柱花并没有这种烦恼。植株匍匐生长,可用来遮挡沉木、石头与地面之间的缝隙,也可用作前景与中景之间的过渡,十分方便。

矮生叉柱花

Staurogyne sp. 'Low Grow'

爵床科 / 分布: 巴西

光量: ☐☐   CO₂量: ● ●   底床: ▲

叶呈披针形,凹凸不平,长 5 ~ 6cm,宽 1.2 ~ 1.5cm。叶幅比南美叉柱花窄。茎在底床上匍匐生长,从节处生根,不断分枝、扩展。从节处长出的茎继续匍匐生长,达到丛生状态后,开始直立或向斜上方生长。必须保证强光照射并添加 CO_2。喜酸性到弱酸性环境,如果不使用降 pH 和 KH 值的调节剂,或换水不及时,叶片可能会溶化。

棕叉柱花

Staurogyne 'Brown'

爵床科

分布: 印度

光量: ☐☐   CO₂量: ● ●   底床: ▲

水中叶刚开始展开时,形状酷似叶片发棕的青叶草,可在保持株型矮小的状态下持续生长。无论底床使用水草泥还是大矶砂,都可以在地面上匍匐生长。强光下,叶色比较容易呈现略带蓝色的棕色。

迷你三裂天胡荽

Hydrocotyle tripartita 'Mini'

五加科

分布: 不详

光量: ☐☐   CO₂量: ● ●   底床: ▲

印度产的超小型水草,通常放在组织培养杯中销售。非常适合小型草缸造景。不过,越是这种超小型水草,在大型草缸中整片繁茂生长的景观越显壮阔。弱光下容易直立生长,因此,最好准备强力照明设备,保证光线能一直照到草缸底部。

香菇草

Hydrocotyle verticillata

五加科
别名：南美天胡荽
分布：北美洲与南美洲的温带、亚热带地区
光量：□□　**CO$_2$量：**● ●　**底床：**▲ ▲

小型水草，水中叶直径为 2.5cm，高度通常为 5 ～ 10cm。多用于前景，或微型前景与中景之间的过渡。茎横向生长，每个节上都会长出叶柄，叶片圆盾形。为了防止水草长得过高，必须保证强光照射并添加 CO_2。

南美草皮

Lilaeopsis brasiliensis

伞形科
别名：南美尖叶草皮
分布：巴西、巴拉圭、阿根廷
光量：□□　**CO$_2$量：**● ●　**底床：**▲

叶长 6cm，宽 2 ～ 3mm，叶尖较宽，卷起来的样子很像眼镜蛇的镰刀脖，因此在日本也被称作"巴西眼镜蛇草"。用大矶砂养殖会比较困难，底床最好使用水草泥。另外，必须保证强光照射并添加适量的 CO_2。叶片容易附生藻类，注意不要过量施肥。

细叶草皮

Lilaeopsis mauritiana

伞形科 / 别名：毛里塔尼亚草皮、毛里求斯草皮
分布：毛里求斯
光量：□□　**CO$_2$量：**● ●　**底床：**▲

本种由丹麦卓必客公司创始人霍格·文德罗夫（Holger Windeløv）于 1992 年在毛里求斯发现。能适应多种水质，但用大矶砂养殖会比较困难。光线越强列，植株越容易保持低矮状态，分枝会更好，长势也更茂盛，非常适用于前景。

小汤匙萍

Marsilea costulifera

苹（蘋）科 / 别名：小汤匙苹、小汤匙蘋
分布：澳大利亚
光量：□□　**CO$_2$量：**● ●　**底床：**▲ ▲

比汤匙萍（*Marsilea hirsuta*）株型更小，小叶长 4 ～ 10mm，宽 2 ～ 5mm，大约相当于汤匙萍的一半，给人以纤细的印象。二者孢子囊果的形状也不相同。小汤匙萍的叶子稍有些不均等，这也是它的特征之一。水中叶非常小巧可爱，用作小型草缸的前景十分方便。但其生长速度缓慢，长势明显落后于其他水草。应注意修剪，避免叶片挡住光线，从而保证充足的光照。

毛叶田字草

Marsilea drummondii

苹（蘋）科
分布：澳大利亚
光量：□□　**CO_2量：**●●
底床：▲▲

不仅多见于植被茂密的沿岸地区，在内陆极其干旱的地方也能见到它的身影。叶上多毛。原生地为旱涝差异剧烈的地区，孢子能耐20～30年的干旱，也能在水深1m的地方生存。但基本上是喜欢浅水、潮湿的环境，养殖难度不大。

狭叶田字草

Marsilea angustifolia

苹（蘋）科
别名：狭叶苹、狭叶蘋
分布：澳大利亚
光量：□□　**CO_2量：**●●
底床：▲▲

水上叶看起来像四叶的白车轴草（三叶草）。属于蕨类植物。水下的叶子展开后，形状酷似小汤匙。以前养殖难度较大，但自从水草泥诞生后，养殖难度已降低很多，可以很轻松地布满整片前景。养殖的关键在于保证强光照射并添加适量CO_2。

印度田字草

Marsilea sp. (from India)

苹（蘋）科
分布：印度
光量：□□　**CO_2量：**●●
底床：▲▲

产自印度的一种苹（蘋）属水草，即使在水下也能维持四叶状态，极为珍贵。生长速度比田字草快，叶柄也稍长，因此下面搭配一些小果草，效果会很不错。养殖时要保证光照并添加CO_2。

水草"接力棒"

~跨越时间与国境~

我有一株水草，是二十多年前一位客户转让给我的。这是一株有茎草，因此，长到一定程度后就可以进行修剪，以促进腋芽继续生长。这一过程反复多次后，水草下方长势容易变弱，因此，修剪几次后，就要将水草上方比较茂盛的部位剪下来重新栽植。这样，它就又会健康生长。这一过程不断反复之后，我甚至开始觉得，它可以就这样永远生长下去，无穷无尽。

可能就是出于这种傲慢，日常养殖时难免会有些粗心，二十余年间，这株水草曾多次陷入濒临枯死的险境。不过，只要有一根茎还活着，就能令它起死回生。凭借这一点，它一直存活至今。然而一旦它长成一丛以后，我又会放松警惕，疏于照料，致使它再次陷入险境。好几次我都感觉它一定没救了，可它硬是再次顽强地绝地重生。每次看到它坚强地死而复生，都会给我带来新的感动。当然，我绝不是为了体验这种感动而一次次故意令它陷入险境，只是单纯地出于懒惰而已。不过，即便我如此不小心，水草仍显示出它顽强的生命力，令人不禁想要用永生一词来形容。

仔细一想，我从二十多年前就开始养殖的这株水草，它的顶端至今仍在我面前不断生长。饲养金鱼是很难获得这种体验的。只有在养殖水草这种植物时，才能发出如此独特的感慨。

当然，不仅限于我手边的水草，所有商店里摆放的水草都是如此。有些水草可能已经生长了几十年，有些可能只有几年，虽然不同种类的水草会有不同的特点，但每一株水草都是在水草养殖场中被精心培育后，送到我们身边的。每一株水草都有它自己的历史，都有它自己的故事。市面上有些水草是由我命名并推广的。其中有些水草虽然我自己手边已经没有了，但是常常能在网络社交平台上见到它们的身影。而每当我看到它们出现在海外的草缸中，心中都会感到非常不可思议。我总会感叹："这株水草太美了！"如果这种喜悦能够跨越时间、跨越国境，不断延续下去就好了。我希望这种宝贵的遗产永远不会减少，如果可能的话，我希望它们能不断增长，就像"接力棒"一样，一代又一代，不停地传递下去。

中后景草造景实例

近年来比较流行使用叶片较细、株型矮小的水草布置中后景，这样与前景的过渡比较自然，可以形成从前到后层次渐进的效果。另外，还可以使用形状、颜色、质感不同的水草，有意识地突出中景，效果也不错。

景观制作：武江春治（AQUA TAKE-E） 摄影：石渡俊晴

有效运用了中后景草的造景实例

这一小型草缸作品出自大型水草造景名家之手。以绝妙的大小和高度布置而成的珍珠草，与红色的后景草形成鲜明对比，显得格外动人，同时又提升了纵深感，令人完全看不出这是一款小型草缸。

数据

草缸尺寸：长 36cm× 宽 22cm× 高 26cm
过滤：伊罕经典过滤器 2211（EHEIM classic 2211）
照明：ADA 水族灯（ADA AQUASKY 361，15W LED），每日 10 小时照明
底床：ADA 亚马孙水草泥（粉末型）
CO_2：每秒 1 泡
添加剂：店铺自制液肥，每日加 1 次

换水：每周 1 次，每次 1/2
水质：pH6.8、25℃
生物：温氏花鳉（*Poecilia wingei*）、喷火灯鱼（爱泳鲃脂鲤，*Hyphessobrycon amandae*）、棋盘短鲷（*Dicrossus filamentosus*）、锯齿新米虾
水草：伊耐节节菜（*Rotala* sp. 'enie'）、小红莓、越南三角叶、珍珠草、亚马孙中柳（*Hygrophila* sp. 'Amazon'）

景观制作：轰元气（AQUA FOREST）　摄影：石渡俊晴

利用皇冠草与有茎草打造生机勃勃的中后景

2

不仅是有茎草，改良后的皇冠草种类也增加了很多，为造景的新组合提供了更多的可能性。这一作品极具挑战性，体现出创作者的旺盛精力。

数据

草缸尺寸：长120cm×宽45cm×高50cm
照明：ADA索拉RGB水族灯（ADA Solar RGB），每日11小时照明
过滤：ADA强力金属过滤桶ES-1200、伊罕过滤器2217（EHEIM 2217）
底床：ADA亚马孙水草泥、装饰砂、浮石
CO_2：每秒5泡
换水：每周1次，每次1/2

生物：暹罗副双边鱼（彩色大玻璃鱼，*Parambassis siamensis*）、黑莲灯（黑异纹鲃脂鲤，*Hyphessobrycon herbertaxelrodi*）、虎皮鱼（*Puntius tetrazona*）
水草：红九冠（*Echinodorus* 'Rubin'）、哈迪红珍珠草皇冠草、粉红水蓼（*Polygonum* sp. 'Pink'）、大三角叶、红松尾、大红叶、豹纹青叶、红叶水丁香、超红水丁香、小红莓、红蝴蝶、越南紫廷草、迷你血心兰

景观制作：奥田英将（Biographica）　摄影：石渡俊晴

缤纷绚丽的中后景，混植水草的竞演场！

3

日本簧藻的存在，令没有边界感的中景与后景达成绝妙的平衡，同时还营造出一种生机勃勃的自然美。虽由人作，宛自天开，是值得反复介绍的名作。

数据

草缸尺寸：长60cm×宽30cm×高36cm
照明：150W金卤灯，每日10小时照明
过滤：ADA强力金属过滤桶ES-600
底床：ADA亚马孙水草泥、ADA百菌球、河砾石
CO_2：每秒2泡
添加剂：每次换水时添加适量的ADA除氯剂（ADA AQUA CONDITIONER CHLOR-OFF）、净化剂（ADA AQUA CONDITIONER RIO-BASE）、pH值调节剂（ADA Do! Aqua -be Soft）；每日喷3次ADA水草液肥（GREEN BRIGHTY STEP1、GREEN BRIGHTY SPECIAL SHADE）
换水：每2周1次，每次20 L

水质：pH6.2、TH20mg、KH1.0、COD6.0
水温：26℃
生物：喷火灯鱼、七彩水晶旗（水晶彩虹灯，*Trochilocharax ornatus*）、露比灯（里氏阿克塞脂鲤，*Axelrodia riesei*）、小精灵鱼、黑玛丽（黑花鳉，*Poecilia sphenops*）、黑线飞狐鱼、三间鼠鱼（大刺色鳅，皇冠沙鳅，*Chromobotia macracanthus*）、隆头翼甲鲇（大帆红琵琶，*Pterygoplichthys gibbiceps*）
水草：日本簧藻、几内亚水罗兰、大叶珍珠草、福建宫廷草、绿水丁香（*Ludwigia palustris* 'green'，混栽）、大宝塔、粉红水蓼、百叶草（混栽）、佗草（小红莓、大莎草、绿水丁香、青叶草等）、小莎草、加里曼丹三角叶（*Limnophila* sp.from Kalimantan）、中柳、南美叉柱花、紫中柳、内格罗河太阳草（*Tonina* sp.from Nagro）、圭亚那狐尾草、紫花假龙头草、五彩薄荷

中后景草图鉴

中后景草位于前景与后景之间，主要可以提升造景的纵深效果。近年来，造景的主流手法是从中景到后景都使用同一种水草，从而创造出带有连续性的线条，而利用个性丰富、色彩与形状各异的水草来添加一些传统风格的点缀，效果也不错。

水草种类 223 种：(045～267)/500 种

日本簧藻

Blyxa japonica

水鳖科 / 别名：水筛
分布：中国、日本、印度、新几内亚等
光量：▢▢　**CO₂量：**●●　**底床：**▲

日本簧藻属于有茎草，但茎比较短，看起来不太明显。它是中景草中不可或缺的经典款。叶长 3～7cm，宽 2～4mm，整体高度为 10～25cm。叶色由绿色至棕绿色不等，有些绿中带紫，有些绿中带红，色彩多样。强光下，色彩变化会更为明显。喜弱酸性水质，草缸养殖时应使用水草泥，并添加 CO₂。另一种学名为"*Blyxa novoguineensis*"，中文名为"簧藻"的水草也很常见，高度约为 30cm，与日本簧藻并非同一物种。

红海带

Barclaya longifolia

睡莲科
分布：缅甸、安达曼群岛、泰国、苏门答腊岛、新几内亚
光量：▢▢　**CO₂量：**●●　**底床：**▲▲

红海带的块茎长 3～6cm，形状如同一块棕褐色的苦瓜。从块茎上长出的叶子又细又长，边缘如波浪状缓缓起伏，这种形状的叶子在睡莲科极为罕见。叶色由绿色至红色不等，其中，色泽浓郁的红色类型比较常见。叶片展开几个月后，开始进入休眠期，再过几周又会再次发芽。若想长期维持生长，必须添加底床肥料。注意水温不要太低，还要当心贝类啃食。最适合用来点缀中景。

小仓萍蓬草

Nuphar oguraensis

睡莲科
分布：日本、朝鲜半岛
光量：▢　**CO₂量：**●　**底床：**▲▲

小仓萍蓬草已经完全转化为水下生活，不会形成挺水姿态，即使出现浮叶，水中叶也大多会保留下来。在原生地有泉水的地方多见。水中叶呈宽卵形至圆心形不等，长 8～15cm，宽 6～15cm。由于无法挺出水面，因此叶柄纤细，断面呈三角形，中心有孔。草缸养殖时最好能有缓慢的水流，注意勤换水。最好添加 CO₂。

萍蓬草的一种

Nuphar sp.

睡莲科
分布：不详
光量：□ CO$_2$量：● 底床：▲ ▲

这是从印度尼西亚购入的一款萍蓬草属水草。它的叶柄为实心的，能长出挺水叶，盘状柱头呈红色，目前还不清楚它具体属于萍蓬草属的哪一种。浮叶也略带红色，有时会变成明显的红色。水中叶呈亮绿色、圆形。引入草缸后，叶片很快便开始伸展，形态优美，可长时间欣赏，是最适合草缸养殖的水草之一。

红芝麻睡莲

Nymphaea 'Red Sesame'

睡莲科
改良品种
光量：□□ CO$_2$量：● ● 底床：▲

热带睡莲的改良品种，购自中国的水草养殖场。叶呈宽卵形，叶色由黄绿色至橙色不等，叶片上有很多红色的小斑点。光线越强，叶片上的图案越清晰，同时，叶柄也不会太长，可以保持住小巧的姿态。很少长出浮叶，能长期保持水中叶的姿态。白天开花，气味芬芳，与蓝睡莲（*Nymphaea caerulea*）的花十分相似。可与不同颜色的有茎草搭配。

绿睡莲

Nymphaea glandulifera

睡莲科 / **别名：青睡莲、南美绿睡莲、小腺睡莲**
分布：中南美洲、南美洲北部
光量：□ CO$_2$量：● 底床：▲ ▲

叶呈圆形至宽卵形不等，叶片上有少许褶皱，长 10 ~ 15cm，宽5 ~ 10cm。叶色为鲜艳的绿色，叶片上没有任何图案，令人感觉清爽明亮，在草缸中也十分醒目。很少长出浮叶，适合草缸养殖。对环境没有太多要求，容易养殖，不过植株体积比较大，应注意选择草缸的尺寸。在用于荷兰式的水草造景时，可在其四周种一圈有茎草，效果会更为突出。

青虎斑睡莲

Nymphaea lotus 'Green' (*Nymphaea lotus* var.*viridis*)

睡莲科
分布：热带非洲
光量：□ CO$_2$量：● 底床：▲ ▲

绿色的水中叶呈椭圆形，叶片边缘呈缓缓起伏的波浪状，形态优雅。叶片上的斑纹既有斑点状的，也有横纹状的，极具特色，这也是它名字的由来。斑纹面积越大，颜色越深，越受欢迎。很少长出浮叶，可以充分欣赏水中叶的姿态，非常适合草缸养殖，一直深受世界各国水草爱好者的青睐。如果肥料充足，体型会非常高大，叶长可达 25cm。

红虎斑睡莲

Nymphaea lotus 'Red'

睡莲科 / 分布：热带非洲
光量：☐ **CO$_2$量：**● **底床：**▲ ▲

极具光泽的红色叶片上布满暗褐色的斑纹，形态十分优美。在水中摇曳时，叶片背面的紫红色隐约可见，分外美丽。与青虎斑睡莲一样，非常容易养殖。既可控制住生长速度，将其置于中景，也可置于沉木背后，用于后景，都很有趣。叶片姿态生机勃勃，令人难以想象它们仅出自一个小小的球根。此外，体型较大，能表现出其他红色系有茎草无法呈现的存在感，让人印象深刻。

虎斑睡莲

Nymphaea maculata

睡莲科 / 分布：热带非洲
光量：☐ **CO$_2$量：**● **底床：**▲ ▲

小型水草，与青虎斑睡莲极其相似。叶长 5 ~ 7cm，宽 3 ~ 5cm。深红色的叶片极具光泽，上有很多黑斑。叶片背面为浅紫色。与青虎斑睡莲的区别在于侧裂片的尖端重合在一起，不会分开，远远望去，很像莼菜的椭圆形盾状叶片。叶片爬地展开，很少长出浮叶，非常适合草缸养殖，适用于前景到中景。

四色睡莲

Nymphaea micrantha

睡莲科 / 别名：小花睡莲、多色睡莲
分布：西非
光量：☐ **CO$_2$量：**● **底床：**▲ ▲

圆形的水中叶直径 7 ~ 10cm，明亮的绿色叶片上有很多红褐色与暗褐色的斑点，配色极具个性。叶片中央可形成新的幼株，是一种胎生睡莲。1995 年由西非传入德国，同年混同其他水草一起传入日本，在日本广受欢迎。由于是原生种，所以虽然图案花哨，但造景时并不会令人感觉突兀、不自然。

延药睡莲

Nymphaea nouchali

睡莲科 / 别名：卵叶睡莲
分布：斯里兰卡、南亚、东南亚、澳大利亚
光量：☐ **CO$_2$量：**● **底床：**▲ ▲

叶色分红、绿两种类型，色调都很淡雅。圆形的水中叶非常薄，有一种纤细的美感，很适合草缸养殖。对水温要求较高，不能过高，也不能过低，通常保持在 25℃ 左右比较合适。与色彩明亮、叶片细小的有茎草搭配起来效果卓群。此外，点缀在蕨类植物等质地较硬的深绿色水草中，可以令整体氛围更为柔和。

兔耳睡莲

Nymphaea oxypetala

睡莲科 / 别名：尖瓣睡莲
分布：巴西、玻利维亚、厄瓜多尔、委内瑞拉、古巴
光量：□□ **CO₂量：**● ● **底床：**▲

很少长出浮叶，大多保持水中叶的姿态，非常适合草缸养殖。水中叶为较宽的椭圆形，侧裂片较长，看上去仿佛兔子的耳朵，在自然环境中可长到30cm以上。偶尔会冒出浮叶，最多5～6cm，并不明显。注意水温不要过低，也不要过度施肥。新叶需要足够的光照。应定期修剪旧叶和长得过大的叶片，保持整株的漂亮整洁。

柔毛齿叶睡莲 🌱

Nymphaea pubescens (Nymphaea lotus var. pubescens)

睡莲科 / 别名：柔毛睡莲
自然杂交种
光量：□ **CO₂量：**● **底床：**▲ ▲

红色的叶片极具魅力，足以吸引每个人的目光。块状根茎上有很多胡须般的黑毛，水中叶由箭形逐渐展开，变宽，最终变成卵形。叶长8～15cm，宽5～10cm。转为浮叶状态后，水中叶就会消失，因此，一旦出现浮叶，就应从基部将叶柄全部切除。浮叶比较容易在强光下出现，需特别注意。适合草缸养殖，难度不大，属于入门级睡莲。

苏奴草

Saururus cernuus

三白草科 / 别名：蜥尾草、美国三白草
分布：美国、墨西哥、加拿大
光量：□ **CO₂量：**● **底床：**▲ ▲

三白草属水草中特别适合草缸养殖的类型。在水中，植株会小型化，生长缓慢。另外，由于高度比较容易控制，在进行荷兰式的水草造景时，可以将其排列成阶梯状，将前景装饰得井井有条，属于前景草中的经典单品。卵心形的绿叶色彩明亮，十分可爱，可置于沉木旁或中景后侧等位置，任其自然生长，效果也不错。

黄金叶苏奴草

Saururus cernuus 'Hertford Gold'

三白草科
园艺品种
光量：□□ **CO₂量：**● ● **底床：**▲ ▲

苏奴草的黄金叶改良品种，由美国引入。入夏后，叶片开始出现黄色，随后色彩越来越鲜艳。明亮的叶色在水中也颇具魅力，不过，叶片上易生斑点状藻类，十分显眼，必须及早预防。日常养护时，应注意营养素的平衡，避免氮素过量，也可养一些除藻鱼。喜光线明亮的环境，最好配置在照明灯正下方。

阿佛榕

Anubias afzelii

天南星科
别名：狭叶钢榕、细叶水榕芋
分布：塞内加尔、几内亚、塞拉利昂、马里
光量：☐　CO_2量：●　底床：▲▲

外形与剑榕、长叶榕等十分相似，不过叶质厚重一些，根茎较粗。市场销售时，学名常写作"*Anubias congensis*"。佛焰苞盛开时，也只会打开最上面的部分，肉穗花序长而突出，十分有特色。叶呈披针形、亚光质感、浅绿色，适合与叶色明亮的大浪草、泰国水剑等搭配在一起。强光下易生藻类，需特别注意。

芭特榕 🍃

Anubias barteri

天南星科
分布：尼日利亚、喀麦隆、赤道几内亚
光量：☐　CO_2量：●　底床：▲▲

与小榕同为水榕类水草中最具代表性的种，易养殖，人气高。与其他水草相比，也属于很好养殖的种之一。高约40cm，叶片披针形至狭卵形不等，叶基为心形或截形，叶片边缘呈波浪状。在非洲的原生地，大多附着在河岸边的岩石或沉木上，多为挺水状态，偶尔会保持水中状态生长，在草缸中，大多附着在沉木或石头上。生长速度快是它的魅力之一。

蝴蝶榕

Anubias barteri 'Butterfly'

天南星科 / 改良品种
光量：☐　CO_2量：●　底床：▲▲

叶片上以主脉为中心呈现出深深的褶皱，仿佛被人纵向揉搓过。叶形纵向较扁，主要向横向扩展，比较宽大。与芭特榕一样，植株体型较大，成株存在感极强。纹样复杂的叶片表面反射LED的光，非常漂亮。由于叶片横向扩展，需要一定的空间，因此选择种植位置时一定要慎重。可以将其附着在石头上，方便移动。

钻石榕

Anubias barteri 'Diamond'

天南星科 / 改良品种
光量：☐　CO_2量：●　底床：▲▲

叶片宽大、扁平，叶脉不太明显。虽然叶尖比较尖锐突出，但整体给人以圆润的印象，完全看不出其原种芭特榕的影子。由于钻石榕的个性不太突出，因而能与各种水草搭配。直接种在底床上时，如果根茎埋得太深，水草容易腐烂。附着在石头或沉木上时，如果用扎带绑得太紧，同样会造成腐烂，需特别注意。

宽叶榕

Anubias barteri 'Broad Leaf'

天南星科 / 改良品种
光量： ☐　CO₂量： ●　底床： ▲ ▲

相较其原种芭特榕，叶片变得更宽，高度与生长特点等均无变化。宽卵形的叶片十分醒目，进一步突出了芭特榕舒展大方的魅力。不同水草养殖场出品的宽叶榕叶片表面的状态有所不同，有的叶片平坦，有的则呈明显的波浪状。虽然是很常见的品种，但存在感十足，堪当水草造景的主角。即使不添加 CO₂ 也能茁壮成长，因此在以大型鱼为主的水族缸中也能使用。

线条榕

Anubias barteri 'Striped'

天南星科 / 改良品种
光量： ☐　CO₂量： ●　底床： ▲ ▲

特征之一是叶色整体非常明亮，叶脉部分颜色较深、凹陷明显。此外，叶形也极具特色，略窄的卵形叶片前端尖锐突出。容易附生藻类，因此应注意氮素过量、长时间照明及水浑浊等问题。其他养殖条件与芭特榕基本相同。由于整体给人的感觉十分柔和，因而搭配细叶的有茎草和较细的前景草都很漂亮，使用方便。

波叶芭特榕

Anubias barteri 'Winkled Leaf'

天南星科 / 改良品种
光量： ☐　CO₂量： ●　底床： ▲ ▲

波叶芭特榕最明显的特征在于叶脉形成的褶皱。叶片表面沿侧脉深凹下去，然后在下一个侧脉前大幅隆起，连续不断，形成独特的波浪形。再加上强烈的光泽质感，装饰效果极强。叶幅很宽，看起来圆滚滚的，与硬币榕十分相似，不过本种的叶尖比较尖锐，可以通过叶尖形状区分二者。养殖条件与芭特榕基本相同，非常皮实。

卡拉榕

Anubias barteri var. *caladifolia*

天南星科
分布：尼日利亚、喀麦隆、赤道几内亚
光量： ☐　CO₂量： ●　底床： ▲ ▲

芭特榕的大型变种，叶幅比原种更宽。最显著的特征是叶基呈箭头状，植株越大，叶基形状越明显。此外，叶片前端没有短突起，这也是可以确定生物类别的要点之一。与产地相同的大喷泉和黑木蕨组合在一起，可以令造景风格保持统一。搭配上红褐色的底床、石头和沉木，效果卓群。

咖啡榕

Anubias barteri var. *coffeifolia*

天南星科
分布：赖比瑞亚、尼日利亚、喀麦隆、几内亚、加蓬、刚果（布）
光量：□ **CO$_2$量：**● **底床：**▲ ▲

新叶上带有红褐色，令人联想到咖啡的颜色。叶呈椭圆形，富有光泽，与侧脉间形成的凹凸，令人联想起咖啡树的叶片，观赏价值极高。单体造型也极具吸引力。养殖条件与芭特榕基本相同，但生长速度没有那么快。可附着在石头或沉木上。体型不会长到芭特榕那么大，最好置于中景，便于观赏优美的叶片。

剑榕

Anubias barteri var. *glabra* (*Anubias lanceolata, Anubias minima*)

天南星科 / 别名：迷你马水榕
分布：几内亚、利比里亚、科特迪瓦、尼日利亚、喀麦隆、赤道几内亚、加蓬、刚果（布）
光量：□ **CO$_2$量：**● **底床：**▲ ▲

在芭特榕的变种中，属于分布区域最广的，因此，形态差异也非常大。叶呈狭椭圆形至披针状狭卵形不等，叶基形状多样，有心形、截形、楔形等。包括本种在内，芭特榕相关变种的佛焰苞都会在开花时展开，向外弯曲，这也是该种的鉴定要点之一。剑榕属于细叶型水草，造景时使用便利，很适合草缸养殖。

斑叶剑榕

Anubias barteri var. *glabra* 'Variegatus'

天南星科 / 别名：斑叶迷你马水榕
改良品种
光量：□ **CO$_2$量：**● **底床：**▲ ▲

由于剑榕分布范围非常广，因而叶形变异巨大，很多野生剑榕根本看不出属于同一种类。可能也是由于这一缘故，水草养殖场出产的剑榕常常会被标识成各种不同名称。其中，最常使用的就是"迷你马（Minima）"，而本种正是它的斑叶变种，市场流通率很高。可附着在石头或沉木上，但地栽并注意施肥，会长得更漂亮。

长叶榕

Anubias barteri var. *angustifolia*

天南星科
分布：几内亚、利比里亚、科特迪瓦、喀麦隆
光量：□ **CO$_2$量：**● **底床：**▲ ▲

叶片呈线形至狭椭圆形不等，比剑榕更细。从叶片形状看，很难相信这是芭特榕的变种。叶片深绿色，光泽感强，很有特色。叶柄多带红色，搭配上平坦的叶片，极具装饰性。由于叶片较细，适合与有茎草搭配，在进行水草造景时很容易使用。红色的叶柄能成为很好的点缀，造景时不妨一试。

弗雷泽榕

Anubias 'Frazeri'

天南星科 / 改良品种
光量：☐　CO₂量：●　底床：▲ ▲

澳大利亚的埃德温·弗雷泽培育的杂交品种之一。杂交亲本为芭特榕与哈特榕，一个位于佛罗里达的水草养殖场用弗雷泽先生的名字为它命名。叶片由狭椭圆形至披针形不等，全缘，锐尖。叶柄很长，是一款适用于后景的大型水草。与它的杂交亲本一样，适合水下生活。

加蓬榕

Anubias sp. 'Gabon'

天南星科 / 分布：加蓬
光量：☐　CO₂量：●　底床：▲ ▲

水榕类水草，特点是叶色浓郁。叶片由椭圆形至细卵形不等，长6～9cm。叶柄的长度与叶片的长度基本相同。养殖条件与小榕基本相同，附着在石头或沉木上也很方便。体型小巧，适用于小型草缸，与小榕的小型品种组合在一起毫不突兀，造景时可将它们一起附着在石头或沉木上。

尖叶榕

Anubias 'Short & Sharp'

天南星科
改良品种
光量：☐　CO₂量：●　底床：▲ ▲

叶柄长度与叶片长度基本相同，有的更长一些，叶呈狭披针形。叶尖呈锐尖形，故名"尖叶榕"。叶基由楔形至心形不等，叶片边缘呈平缓的波浪状，可明显看出与剑榕的亲缘关联。养殖条件与芭特榕基本相同，很容易附着在石头或沉木上。造景时可活用较长的叶柄，与有茎草搭配在一起，用于小型草缸的后景，也可用作点缀。

奈吉榕

Anubias 'Nangi'

天南星科
改良品种
光量：☐　CO₂量：●　底床：▲ ▲

小榕与吉利榕的杂交品种，叶片呈卵形，有些叶片比较平坦，有些则带有褶皱，整体略有弯曲。叶片前端又长又尖，叶基由截形至浅心形不等。叶长8～11cm，宽3～4cm，叶柄长5～10cm，体型比较矮小，可用于小型草缸。与同为杂交品种的弗雷泽榕相比，形态不算很稳定，能看出是杂交品种，但并不会感觉不自然。

三角榕

Anubias gracilis

天南星科 / 分布：几内亚、塞拉利昂
光量：☐ **CO₂量：**● **底床：**▲ ▲

叶形为三角形，极具特色。带有俗称"耳朵"的侧裂片，是深受欢迎的一种"有耳"水榕。叶片矛状，三浅裂。叶尖钝形，侧裂片的前端呈圆形。可在水下生活，但生长速度会非常缓慢。比较适合在陆族缸（Terrarium）或水陆缸（沼泽缸，Paludarium）中进行水上栽培。造景时，若想再现西非的水边风情，本种是不可或缺的素材之一。

阿芬椒草

Cryptocoryne affinis

天南星科 / 别名：黄椒草
光量：☐ **CO₂量：**● **底床：**▲ ▲

叶呈披针形至狭披针形不等，长可达23cm，宽2～5cm，整体高度10～40cm。有很多变种，有些叶片有凹凸，有些没有，叶片的颜色、大小等也各不相同，甚至不同的养殖条件也会造成外观的差异，因此很难具体描述它的形态。目前的主流品种为棕色系，凹凸比较明显。养殖难度也不尽相同，不过只要掌握了椒草类水草的基本要点，养殖起来并不困难。

亚比椒草

Cryptocoryne albida

天南星科 / 别名：白椒草、阿比达椒草
分布：泰国、缅甸
光量：☐ **CO₂量：**● **底床：**▲ ▲

小型的细叶系椒草。外形清秀脱俗，十分优美。叶呈披针形，长10～30cm，宽1～2cm，叶片平滑，有些略呈波浪状。叶色变化丰富，有呈明亮的绿色的，也有略带棕褐色的，甚至有带有浓郁的红色的。不过叶色变化受环境影响很大，光线较暗时容易变成绿色。养殖难度不大，常用于大型草缸的前景至中景。市场上流通的名为"金椒草（*Cryptocoryne costata*）"的水草也属于本种。

红亚比椒草

Cryptocoryne albida 'Red'

天南星科 / 分布：泰国、缅甸
光量：☐ **CO₂量：**● **底床：**▲ ▲

红亚比椒草和市场上流通的"棕亚比椒草（*Cryptocoryne albida* 'Brown'）"，都属于亚比椒草中红棕色比较突出的品种，观赏价值极高。叶片上有细细的褐色条纹，十分优美。为了让叶片中的红色更好地发色，必须保证强光照射。因此，草缸一定要放在开阔的位置，不能背阴。由于叶色十分自然，造景时即使放在比较明显的位置也不会令人感觉突兀。

贝克椒草 🛡

Cryptocoryne beckettii

天南星科 / 分布：斯里兰卡
光量：□ CO$_2$量：● 底床：▲ ▲

叶呈狭卵形，先端锐尖，叶片边缘平滑，或略呈波浪状，叶色由橄榄绿色至棕色不等，叶片背面多带紫色或红色。对养殖环境要求不高，弱光或不添加CO$_2$均不影响其生长。此外，它对水质的适应能力也很强，特别是对高硬度的水质，因此，在欧洲已有60多年的养殖历史，是最适合用于入门的传统水草。

培茜椒草

Cryptocoryne beckettii 'Petchii'

天南星科 / 别名：培茜贝克椒草
光量：□ CO$_2$量：● 底床：▲ ▲

贝克椒草的三倍体，据说起源于斯里兰卡中部的城市康提，主要生长在西南地区。与贝克椒草相比，体型稍小，特征是叶片边缘有很多细细的波纹。而且，叶片上大多带有暗色横纹。养殖条件与贝克椒草基本相同，非常皮实，很适合初学者。可用于中景的焦点造型。

绿萼椒草

Cryptocoryne beckettii 'Viridifolia'

天南星科 / 别名：绿萼贝克椒草 / 改良品种
光量：□ CO$_2$量：● 底床：▲ ▲

绿萼椒草与粉培茜椒草（*Cryptocoryne beckettii* 'Petchii Pink'）一样，都是2012年由意大利的水榕（Anubias）公司引进的。"Viridifolia"是绿叶的意思，顾名思义，它的特点就是水上叶呈十分明亮的绿色，与红色的叶柄形成鲜明的对比，非常优美，也可进行水上栽培。水中叶呈橄榄绿色，有美丽的暗色条纹，叶片背面略带红色，也十分优美。无论水上还是水下，都需要明亮的环境才能茁壮成长。

线叶椒草

Cryptocoryne crispatula var. *kubotae*

天南星科 / 分布：泰国东部
光量：□ CO$_2$量：● 底床：▲ ▲

缎带椒草（*Cryptocoryne crispatula*）的变种，叶幅极窄，仅2~3mm宽。旧学名为*Cryptocoryne crispatula* var. *tonkinensis*，实际上是指另一种叶片呈波浪状的水草，主要分布于中国和越南。2015年，确认它们属于不同种后，学名中的"tonkinensis"变更为"kubotae"。目前，市场上仍有很多地方在沿用旧名，需特别注意。线叶椒草外形纤细，具有一种其他椒草所不具备的魅力。造景时，与其他水草搭配起来比单独使用效果更好。假以时日，能长到50cm以上。

舌头椒草

Cryptocoryne lingua

天南星科 / 分布：婆罗洲
光量：☐ CO₂量：● 底床：▲ ▲

叶片较厚，状似汤匙，高8～15cm。叶片长2～7cm，宽1～3.5cm，叶柄长2～7cm。叶片质感光滑，似乎有一层蜡质，叶色为明亮的绿色。整体感觉非常柔和。原生地多为潮间带浅水水域的泥地，如海岸附近的河流岸边等。大多长在又软又深的泥里，很难靠近。不过，现在可以从水草养殖场直接购入，非常方便。对环境要求较高，生长速度极其缓慢。

桃叶椒草 📗

Cryptocoryne pontederiifolia

天南星科 / 别名：庞特椒草 / 分布：苏门答腊岛
光量：☐ CO₂量：● 底床：▲ ▲

叶呈披针形至卵形不等，长9～14cm，宽3～8cm，整体高度10～40cm。添加适量的CO₂与肥料，株型会比较紧凑。叶色基本为亚光的绿色，有时略带棕色。叶片背面有时会变成粉紫色，非常漂亮。对水质的适应范围较广，不像一般的椒草那样容易溶化，养殖难度不大。已有40多年的养殖历史。是一款很好的水草，在造景中应多加利用。

大红桃叶椒草

Cryptocoryne pontederiifolia 'Merah Besar'

天南星科 / 别名：大红庞特椒草
分布：苏门答腊岛
光量：☐ CO₂量：● 底床：▲ ▲

印尼语中的"Merah Besar"相当于英语中的"Big Red"，顾名思义，这一变种的特点就是体型较大，叶片背面呈明显的红色。有色的桃叶椒草变种很少见，人气极高。与桃叶椒草一样，非常皮实，几乎不会溶化。为了让红色更为鲜艳，最好保证强光照射并添加足量的底床肥料。置于中景偏后的位置，效果会很好。

玫瑰桃叶椒草

Cryptocoryne pontederiifolia 'Rose'

天南星科 / 别名：玫瑰庞特椒草
分布：苏门答腊岛
光量：☐ CO₂量：● 底床：▲ ▲

桃叶椒草叶片背面有时会变成粉紫色，而玫瑰桃叶椒草的叶片表面也很容易变成粉紫色。图片中可能显示得不太清楚，其实实物非常容易发色，是很明显的粉紫色。尽管叶色会逐渐变绿，但丛生状态下，可在草缸中形成色彩极其华丽的景观。强光下比较容易发色。

高帝螺旋椒草

Cryptocoryne spiralis var. *caudigera*

天南星科
分布：印度
光量：□ **CO$_2$量：**● **底床：**▲ ▲

关于这一变种的信息，几年前才开始有详细记载。它 1986 年从原生地传入欧洲的研究人员手中，据说过了 26 年的时间，人们才见到它开花。这种水草的养殖难度不大，很皮实，非常适合初学者。绿色的水中叶姿态优美，长 20 ～ 30cm。生长速度不快，所以很适合用于中景。通过走茎繁殖，走茎很短，但可以大量繁殖。

波浪椒草

Cryptocoryne undulata

天南星科 / 别名：安杜椒草
分布：斯里兰卡
光量：□ **CO$_2$量：**● **底床：**▲ ▲

叶呈披针形至狭披针形不等，长 4 ～ 15cm，宽 1 ～ 3cm，整体高度 10 ～ 25cm。图片中为绿色的类型，体型不会太大，叶片很细，十分适合造景使用。明亮的绿色叶片中混有少量的棕色，如果光线充足、营养充分，棕色会越来越浓。养殖难度不大，适合草缸养殖。与同产于斯里兰卡的贝克椒草和渥克椒草十分相似，不看花朵根本无从分辨。

棕波浪椒草

Cryptocoryne undulata 'Brown'

天南星科 / 别名：棕安杜椒草
分布：斯里兰卡
光量：□ **CO$_2$量：**● **底床：**▲ ▲

波浪椒草的棕色变种，由欧洲水草养殖场进口，有红绿两种类型，形态差异明显，红色型的表现为明显的棕红色，而绿色型则表现为带有棕色的绿色。本种的特点就在于叶片色彩为棕色。与绿色的对比十分鲜明，在以有茎草为中心、风格比较柔和的造景中，即使没有沉木和石头，也能起到点睛的作用。

红波浪椒草

Cryptocoryne undulata 'Red'

天南星科 / 别名：红安杜椒草
分布：斯里兰卡
光量：□ **CO$_2$量：**● **底床：**▲ ▲

叶片红棕色，十分醒目。本种为天然野生水草，并非改良品种。叶片边缘呈明显的波浪状，叶片上有深绿色至褐色的条纹。无需添加 CO$_2$ 也能正常生长，但若想突出叶片特征，最好添加一些 CO$_2$。草缸养殖时，还应注意保持强光照射并施肥，否则叶色会变浅，颜色偏向绿色，体型也会变大。

阔叶波浪椒草

Cryptocoryne undulata 'Broad Leaves'

天南星科 / 别名：阔叶安杜椒草
分布：斯里兰卡
光量： ☐ **CO₂量：** ● **底床：** ▲ ▲

波浪椒草的三倍体，特点是叶片更宽。叶片边缘的波浪状比较平缓，不像波浪椒草那样突出。高度为 10 ~ 25cm。放射状生长，一株水草的直径 10 ~ 20cm，如果用于小型草缸，种植前一定要计划好位置。如果太靠前会有些碍事，比较适合用来填补空旷的空间。皮实，易养殖，应多用于中景。

渥克椒草

Cryptocoryne walkeri

天南星科 / 分布：斯里兰卡
光量： ☐ **CO₂量：** ● **底床：** ▲ ▲

叶呈披针形、卵形至狭卵形不等，长 3 ~ 9cm，宽 1.5 ~ 3.5cm，整体高度 10 ~ 25cm。有些叶片边缘十分光滑，有些则呈明显的波浪状。叶色由深褐色至绿色不等。渥克椒草形态多样，几十年来，包括露蒂椒草、雷洛椒草在内的很多变种一直都被视作不同的种，不过由于它们有很多中间种，彼此之间还存在一定的连续性，因此，现在都被归为渥克椒草的变种。

露蒂椒草

Cryptocoryne walkeri 'Lutea'

天南星科 / 别名：露蒂渥克椒草
分布：斯里兰卡
光量： ☐ **CO₂量：** ● **底床：** ▲ ▲

叶呈披针形至狭披针形不等，叶长 8 ~ 12cm，宽 2 ~ 3cm，叶片边缘呈波浪状。叶柄比渥克椒草略长。叶色由暗绿色至棕褐色，叶片背面略带红色。以前被认定为其他种，现在则统一归为渥克椒草的变种。不过，目前仍有很多地方销售时沿用以往的学名。易养殖，一直深受水草爱好者的喜爱，最适合用作中景的焦点。

雷洛椒草

Cryptocoryne walkeri 'Legroi'

天南星科 / 别名：雷洛渥克椒草 / 分布：斯里兰卡
光量： ☐ **CO₂量：** ● **底床：** ▲ ▲

渥克椒草的三倍体。高 10 ~ 15cm。叶呈卵形至披针形不等。叶色比较丰富，有极富光泽的橄榄绿色、浅浅的红褐色、深棕色等，叶片背面颜色由红色至红棕色不等。由德国或荷兰水草养殖场进口的本种与以前从意大利进口的日落皇冠草（*Echinodorus* sp.'sunset'）外形极为相似。草缸养殖时叶色容易发红，有时色彩浓淡不一，仿佛斑纹图案，非常优美。

露茜椒草

Cryptocoryne × willisii 'Lucens' (*Cryptocoryne lucens*)

天南星科 / 别名：长椒草、露茜威利斯椒草
分布：斯里兰卡
光量：▢　CO₂量：●　底床：▲ ▲

威利斯椒草属于迷你椒草、渥克椒草与贝克椒草的自然杂交种，它有很多变种，其中露茜椒草属于体型较大的变种。叶呈较细的披针形，叶片边缘有棕色图案。如果种植得不太紧密，植株会横向平展生长，如果植株饱满，密集种植，则会向上生长，叶片也会更长。适合与细叶的有茎草搭配在一起，用于前景后方或中景前方，造景效果比较好。

温蒂椒草 🔖

Cryptocoryne wendtii

天南星科 / 分布：斯里兰卡
光量：▢　CO₂量：●　底床：▲ ▲

叶片形状多样，有椭圆形、狭椭圆形、狭卵形等，长 5 ~ 15cm，宽 1 ~ 4.5cm，整体高度 10 ~ 20cm。叶色由绿色至棕色不等，根据生长环境的不同，变化较大。由于无需强光，也不用添加 CO₂，就能正常生长，因而属于椒草类水草中的入门种，是最常见的椒草之一。椒草类水草不喜频繁重植，因此种植前要考虑好成株后的尺寸，谨慎选择位置。

火烈鸟椒草

Cryptocoryne wendtii 'Flamingo'

天南星科 / 别名：火烈鸟温蒂椒草 / 改良品种
光量：▢　CO₂量：●　底床：▲ ▲

顾名思义，这是一款有着如火烈鸟般的粉红色叶片的改良品种。初次引进时，其叶片极具冲击力的色彩迅速引发热议。草缸养殖时，华丽感会略有减弱，但依旧十分醒目。在为数不多的亮色椒草中尤为耀眼，不仅可以点缀阴影部分，更可用于表现明亮的场景，极大拓宽了新型水草造景的可能性。与其他亮色椒草一样，越是明亮的环境里，色彩越р鲜明。

佛罗里达日落椒草

Cryptocoryne wendtii 'Florida Sunset'

天南星科 / 别名：佛罗里达日落温蒂椒草 / 改良品种
光量：▢　CO₂量：●　底床：▲ ▲

特征是叶片上有美丽的斑纹。诞生于美国水草养殖场，是宓大屋椒草的斑叶变种。2009 年开始在市场上流通后，一直备受青睐。叶片上能欣赏到棕绿色、白色、粉色等不同色彩的组合。继承了宓大屋椒草的主要性状，体型较大，易养殖，添加 CO₂ 并保持环境明亮可令斑纹图案更为鲜明。随意摆放在沉木的阴影中，看上去会很时尚。

绿壁虎温蒂椒草

Cryptocoryne wendtii 'Green Gecko'

天南星科
改良品种
光量：□　CO$_2$量：●　底床：▲▲

温蒂椒草的突变品种，诞生于新加坡水草养殖场。淡黄绿色叶片上，绿色叶脉十分突出，叶片下方仿佛浸润着一片棕色，颜色对比鲜艳，风格独特。养殖条件与温蒂椒草相同，不过强光下更容易欣赏到与众不同的色彩。不仅适合搭配绿色浓郁的蕨类水草，与禾叶挖耳草等色彩明亮的前景草搭配起来效果也不错。

宓大屋温蒂椒草

Cryptocoryne wendtii 'Mi Oya'

天南星科 ／ 别名：红温蒂椒草（*Cryptocoryne wendtii* 'Red'）／ 分布：斯里兰卡
光量：□　CO$_2$量：●　底床：▲▲

温蒂椒草的变种，以斯里兰卡的河流命名，在世界各地都深受欢迎。体型较大，高 25 ～ 35cm。叶片上有细密的条纹，条纹颜色不一，有深橄榄绿色、棕色、褐色等，有时叶片会凹凸不平。叶片边缘呈波浪状，背面是明亮的红褐色，与叶片表面颜色形成鲜明的对比，十分优美。养殖时，一定要添加底床肥料，以保持高大的身姿。比较耐高水温也是其特征之一。

纯绿温蒂椒草

Cryptocoryne wendtii 'Real Green'

天南星科 ／ 分布：斯里兰卡
光量：□　CO$_2$量：●　底床：▲▲

本种自 1995 年首次引入日本后，一直维持着超高人气，主要是因为其叶片的绿色十分鲜艳，而且养殖难度很低，非常适合初学者。与绿温蒂椒草（*Cryptocoryne wendtii* 'Green'）不同，纯绿温蒂椒草最大的特点是叶片上没有棕色。纯粹的绿色叶片极具存在感。可令整个造景的色调保持明亮，也可将四周的颜色衬托得更美。强光下能始终保持小巧紧凑的身姿，这也是它的魅力之一。

丹麦温蒂椒草

Cryptocoryne wendtii 'Tropica'

天南星科 ／ 别名：卓必客温蒂椒草 ／ 分布：斯里兰卡
光量：□　CO$_2$量：●　底床：▲▲

高 10 ～ 20cm。浓郁的棕色叶片上有很多褐色条纹。叶片边缘呈波浪状，叶片凹凸不平，形态优美。名称来源于丹麦著名的卓必客水草公司，属于温蒂椒草的变种之一。在温蒂椒草的众多变种中，属于比较皮实的，非常容易养殖，适合初学者。造景时，最好置于中景比较突出的位置，不要放在角落里。

棕温蒂椒草

Cryptocoryne wendtii 'Brown'

天南星科 / **分布：斯里兰卡**
光量： □ **CO₂量：** ● **底床：** ▲ ▲

最大的特点在于棕色的叶片。叶片边缘呈波浪状，叶片有时会凹凸不平。弱光下，与绿温蒂椒草几乎没有差别。养殖椒草类水草时应注意，通常光线强烈、养分丰富的环境中，叶片上的棕色会比较浓郁，而光线弱、养分不足时，叶片就会变成绿色。牢记这一规律，造景时就会比较容易达到理想的效果。最好保证充足的光照，充分展现出它的特点。

拟蛋叶芭蕉草

Lagenandra sp. 'keralensis'

天南星科 / **分布：印度**
光量： □ **CO₂量：** ● **底床：** ▲ ▲

与蛋叶芭蕉草（*Lagenandra keralensis*）并非同一物种。叶由披针形至倒披针形不等，叶片又细又长，令人印象深刻。新叶为淡淡的棕褐色，略带一丝粉色。成长过程中，棕色会越来越深，有时还会变成橄榄绿色。在瓶苞芋属（*Lagenandra*）水草中，属于比较易溶化的类型，一定要注意水质的突然变化。养殖时的感觉有点类似椒草，水草的根扎实以后，可以欣赏到十分动人的姿态。

印度芭蕉草

Lagenandra meeboldii

天南星科 / **分布：印度**
光量： □ **CO₂量：** ● **底床：** ▲ ▲

叶由卵形至椭圆形不等，长6～15cm，宽3.5～7cm，叶柄长5～20cm，整体高度20～35cm。叶片的颜色、形状变化很大，常常会与其他水草搞混。很容易养殖，不过若想把体型控制得小巧紧凑，需保证强光照射并添加CO₂。定植时要把有损伤的叶片从根部剪掉。注意尽量不要把根茎埋起来，否则容易腐烂。

红印度芭蕉草

Lagenandra meeboldii 'Red'

天南星科 / **分布：印度**
光量： □ **CO₂量：** ● **底床：** ▲ ▲

印度芭蕉草的红色变种。棕色系的叶片上带有暗红色，草缸养殖时，通过强光照射可以让红色更为突出。此外，添加底床肥料和CO₂，效果也不错。与椒草类水草不同，除非状态特别差，如刚引入草缸还不适应环境等情况外，不会因换水过勤等环境变化而溶化。色调素雅，可以将四周的水草衬托得很美。

桃叶芭蕉草

Lagenandra nairii

天南星科
分布：印度
光量：☐　CO$_2$ 量：● 　底床：▲ ▲

叶呈椭圆形至卵形不等，长 8 ~ 17cm，宽 5 ~ 9cm，叶柄长 3 ~ 30cm，整体高度约 30cm。在草缸内养殖时，叶柄很短，叶片贴着地面生长，所以不会长得太高。叶色为绿色，叶片边缘呈波浪状。水下的叶片容易向外卷，特征明显，很容易与印度芭蕉草进行区分。也可在陆族缸内养殖，但其耐寒性较弱，冬季应注意温度管理。

维氏芭蕉草

Lagenandra sp. 'V.chandra' (*Lagenandra meeboldii* 'Vinay Chandra')

天南星科
分布：印度
光量：☐　CO$_2$ 量：● 　底床：▲ ▲

这是一款以人名命名的芭蕉草，被认为是分布于印度南部的印度芭蕉草的变种。叶片带有粉色图案，形态优美，观赏价值极高。印度芭蕉草分红色型和绿色型两种，此外，同一养殖场内也有可能出现带有珍珠白斑纹的类型，把几种不同类型的印度芭蕉草收集在一起，也很有趣。

白边芭蕉草

Lagenandra thwaitesii

天南星科 ／ 分布：斯里兰卡
光量：☐　CO$_2$ 量：● 　底床：▲ ▲

高度可达 50cm，不过草缸养殖时，高度只有一半左右。进货尺寸还要再矮一半，生长速度比椒草更缓慢。可以繁殖，但子株的形成速度也非常缓慢。叶片披针形，叶片边缘为波浪状。刚买来时叶片带有白边，在草缸内养殖一段时间后，白色会逐渐消失。叶色为绿色。颜色容易变浅，施肥后会有所改善。整体高度很少发生变化，适用于中景。

山崎桂

Scindapsus sp. 'Papua New Guinea'

天南星科 ／ 分布：巴布亚新几内亚
光量：☐　CO$_2$ 量：● 　底床：▲ ▲

日本最具代表性的水草专家山崎美津夫先生曾专门介绍过这款水草，不仅适用于草缸，也很适合陆族缸，效果都很出色。在陆族缸内，可以发挥它的蔓生特色，使其长成一大片，也可将其修剪成小巧紧凑的株型，供人欣赏。在草缸内养殖时，它也特别皮实，叶片质地较硬，甚至可用于金鱼缸。深受水族发烧友的青睐，可用于中景到后景的不同位置。

紫爵皇冠草

Echinodorus 'Aflame'

泽泻科 ／ 改良品种
光量：□　CO₂量：●　底床：▲ ▲

由荷兰芙罗拉公司（Aqua Flora）培育的一款深色皇冠草，色彩极为独特。水中叶由深紫红色至深红色不等。高 20 ～ 40cm。极富个性的叶片十分引人注目。与斑叶或黄金叶的水草搭配在一起，可以制造出华丽热闹的效果，极具异国风情。不开花，可通过组织培养进行繁殖。最近市场上常常可以见到已通过组织培养繁殖好的紫爵皇冠草，直接装在茎尖培养杯中出售。

绿变色龙皇冠草

Echinodorus 'Green Chameleon'

泽泻科 ／ 改良品种
光量：□　CO₂量：●　底床：▲ ▲

由德国丹尼尔（Dennerle）公司培育的皇冠草品种，具有一种不可思议的色彩，简直无法用语言形容。杂交亲本可能是该公司的另一改良品种——当红皇冠草（*Echinodorus* sp. 'simply red'），不过由于绿变色龙的个性过于突出，从它身上很难看到杂交亲本的影子。水上叶与东方皇冠草和三色皇冠草一样，是十分明亮的绿色。水中叶颜色比较特殊，绿色中交织着复杂的红色，而红色又会逐渐加深，颜色变化仿佛变色龙，因此得名。

象耳草

Echinodorus cordifolius

泽泻科 ／ 分布：北美洲、中美洲、南美洲
光量：□　CO₂量：●　底床：▲ ▲

圆叶系原生种皇冠草，英文名为 radicans sword，一直备受水草爱好者的青睐。水中叶呈卵形至心形，长约20cm，宽约15cm，叶柄较短。一种理论认为，它们分布区域广泛，不同区域的都属于同一物种，另一种理论认为不同区域的属于不同的物种。有些品种水下栽培比较困难，不过一般在市场上流通的品种都比较容易养殖。光照时间超过 12 小时后容易长出浮叶，应在短日照的环境下栽培。

深紫皇冠草

Echinodorus 'Deep Purple'

泽泻科 ／ 改良品种
光量：□　CO₂量：●　底床：▲ ▲

美红皇冠草（*Echinodorus* sp. 'beauty red'）与红乌拉圭皇冠草（*Echinodorus horemanii* 'Red'）的杂交品种。深紫皇冠草，顾名思义，最大的特点就是深紫红色的叶片。水中叶呈长椭圆形，叶尖比较钝，长 10cm 左右，宽 3 ～ 4cm，叶柄与叶片长度基本相同，高 15 ～ 25cm，深红色中略带黑色。保持强光照射及肥沃的底床环境，着色会更加强烈。与黄金叶的水草大胆地组合在一起，效果会非常好。

芬达皇冠草

Echinodorus 'Fantastic Color'

泽泻科 / 改良品种
光量：□　CO$_2$量：●　底床：▲ ▲

由德国水草专家托马斯·卡利贝（Tomas Kaliebe）培育的杂交品种，杂交亲本为很受欢迎的紫爵皇冠草与长叶九冠。芬达皇冠草兼具紫爵皇冠草的红色色彩与长叶九冠的细长叶形，尤其是新叶，颜色接近深紫色，十分优美。叶呈狭披针形。高 25～30cm。叶片众多的大株水草形态更为优美。肥料不足会影响外形美观，因此一定要添加底床肥料。

阿帕特皇冠草

Echinodorus 'Apart'

泽泻科 / 改良品种
光量：□　CO$_2$量：●　底床：▲ ▲

由德国水草专家汉斯·巴尔特（Hans Barth）培育的杂交品种，杂交亲本为红乌拉圭皇冠草与厚叶皇冠草。由于叶片呈放射状平展生长，因此植株幅宽较大，直径 30cm，高 15cm 左右。叶片有一种透明感，深绿色中略带一丝红色，叶片较硬，生长过程中会向外弯曲，形态酷似深绿皇冠草和厚叶皇冠草。养殖难度不大，可以很轻松地欣赏到深绿系皇冠草的魅力。

矮生宽叶皇冠草

Echinodorus grisebachii 'Bleherae Compacta'

泽泻科 / 改良品种
光量：□　CO$_2$量：●　底床：▲ ▲

由美国佛罗里达一家水草养殖场对宽叶皇冠草进行多次改良后培育出的矮生品种。形态与皮实程度都保持了宽叶皇冠草的特点，高度只有 15cm 左右，使人们在小型草缸中也能充分欣赏宽叶皇冠草的魅力，非常适合当今流行小型水族缸的风潮。如果用花盆养殖，限制根部的生长，可以欣赏到更为小巧紧凑的造型。

新卵圆皇冠草 🌱

Echinodorus grisebachii 'Tropica'
(*Echinodorus parviflorus* 'Tropica', *Echinodorus tropica*)

泽泻科 / 别名：新芭蕉皇冠草、绿皇冠草 / 改良品种
光量：□　CO$_2$量：●　底床：▲ ▲

作为皇冠草改良品种的先驱，1980 年代中期开始在欧洲市场上流通，是卵圆皇冠草（芭蕉皇冠草，*Echinodorus parviflorus*）改良后的矮生品种。据说它起源于新加坡或斯里兰卡的水草养殖场。1985 年被命名为"Tropica"，此后开始在市场上广泛流通。叶尖的形状很容易令人联想起丘比（kewpie）娃娃的脑袋，至今仍深受欢迎。草缸养殖时体型较小，高度只有 5～6cm。不耐高水温。

哈迪红珍珠皇冠草

Echinodorus 'Hadi Red Pearl'

泽泻科 / 改良品种
光量：□　CO₂量：●　底床：▲ ▲

比较罕见的亚洲产皇冠草改良品种，由印度尼西亚的水草养殖场推出。中小型水草，个头不高。椭圆形的叶片较宽。水上叶为绿色，上面混杂着红褐色的斑点。水中叶为红色系的，尤其是新叶，呈鲜艳的红色，上面有很多褪色的斑点，色彩独特，十分优美。外侧老叶的颜色会逐渐变为深绿色，别有一番素雅的韵味。

小阳春皇冠草

Echinodorus 'Indian Summer'

泽泻科 / 改良品种
光量：□　CO₂量：●　底床：▲ ▲

由德国水草专家托马斯·卡利贝培育的杂交品种，杂交亲本为小熊皇冠草与豹纹皇冠草。水中叶呈披针形，长20～25cm，宽5cm，叶柄长度与叶片长度基本相同，体型较大。叶色变化丰富，从暗红色到棕色、橙色、绿色不等，正如"Indian Summer（印第安小阳春，深秋季节的一段暖和天气）"的名字一样，温暖素雅的色调令人不由联想到北美的秋日风景，极具魅力。与红色系的水草搭配在一起，效果极佳。

捷豹皇冠草

Echinodorus 'Jaguar'

泽泻科 / 改良品种
光量：□　CO₂量：●　底床：▲ ▲

由德国水草专家汉斯·巴尔特培育的杂交品种。水中叶呈椭圆形，高20～30cm。叶片，尤其是新叶上，有很多红褐色的斑点，由此得名"捷豹"。皇冠草的改良品种大都是红色系的水草，而捷豹是极少数的绿叶品种之一。新叶明亮的绿色格外引人注目。既可搭配色泽鲜艳的有茎草，也可在造景中保留野性的姿态，用来展现水边风情。

金香瓜草

Echinodorus osiris 'Golden'

泽泻科 / 别名：金剑草 / 改良品种
光量：□　CO₂量：●　底床：▲ ▲

金香瓜草的叶如其名，属于黄金叶品种，尤其是黄色的水上叶，色彩极其鲜艳，观赏价值很高。有些水中叶也略带黄色，搭配上香瓜草特有的轻盈透明感，色彩十分清晰。新叶带有淡淡的红色，配上叶片的透明感，可以更好地烘托出金色氛围，是造景中非常好的点缀。可以与不同色彩、不同形状的素材搭配使用。

深绿皇冠草

Echinodorus opacus

泽泻科 / 分布：巴西南部
光量：□　**CO₂量：**●　**底床：**▲▲

叶长13cm，宽8cm，皮质叶片硬挺，卵形，叶色呈较暗的深绿色。根茎匍匐生长。喜弱酸性、水温稍低的水。三倍体，是大花皇冠草（*Echinodorus grandiflorus*）与心皇冠草（*Echinodorus longiscapus*）的自然杂交种。不同产地的水草，形态会有所不同，通常，生长在巴西弗德河（Verde River）的被视为标准的深绿皇冠草。造景时可充分利用叶片微微透明的质感，与矮三叶蕨搭配起来效果会很不错。

东方皇冠草

Echinodorus 'Oriental'

泽泻科 / 改良品种
光量：□　**CO₂量：**●　**底床：**▲▲

新加坡著名的水草养殖场东方水族馆从玫瑰皇冠草（*Echinodorus* sp. 'Rose'）的组织培养苗中获得的突变品种。作为为数不多的粉色系皇冠草的代表，自1994年诞生以来，一直备受青睐，是长期畅销的水草品种。通过设置22～25℃的较低水温和保持强光照射，从第4～5片新叶开始，会发出美丽的粉色。另外，施肥也很重要。

小王子皇冠草

Echinodorus 'Kleiner Prinz' (*Echinodorus* 'Small Prince')

泽泻科 / 改良品种
光量：□　**CO₂量：**●　**底床：**▲▲

红印第安皇冠草（*Echinodorus* sp. 'Indian Red'）与小熊皇冠草的杂交品种。水中叶长9～10cm，宽2～2.5cm，体型较小，包括叶柄在内，只需水深20cm左右即可养殖，非常适合用于小型草缸。这种小型水草中，红色系、细叶，又很皮实的品种实属难得。由德国水草专家托马斯·卡利贝培育而成，最早由德国的水族公司Zoo Logica发行，如今从东南亚的水草养殖场也可购得。

变色龙皇冠草

Echinodorus 'Chameleon'

泽泻科 / 改良品种
光量：□　**CO₂量：**●　**底床：**▲▲

叶呈波浪状，有时略有弯曲。叶脉看上去发白，标准的老式水草造型。叶片的红色很浓郁，有时略带紫色。对环境要求不高，很容易养殖，不过为了让叶片更好发色，最好保证强光照射。最初由印度尼西亚的水草养殖场购进，如今，其他国家的水草养殖场也开始生产。与一款欧洲水草的名字十分相似，但二者属于不同物种。

阿朱那皇冠草

Echinodorus 'Arjuna'

泽泻科 / 改良品种
光量：□　CO_2 量：●　底床：▲ ▲

印度尼西亚水草养殖场出产的皇冠草品种，外形极具个性。红色的水中叶上有大块的白色斑纹。古印度史诗《摩诃婆罗多》中有一位英雄名叫阿朱那，阿朱那是"白色"的意思，所以，人们推测这款水草是因为白色斑纹而得名。这些斑纹在新叶阶段尤为明显，随后越来越淡，最终完全消失，叶片变为红色。

豹纹皇冠草

Echinodorus 'Ozelot'

泽泻科 / 改良品种
光量：□　CO_2 量：●　底床：▲ ▲

花豹象耳（*Echinodorus schlueteri* 'Leopard'）与红香瓜草（*Echinodorus barthii*）的杂交品种，1995 年诞生于德国水草专家汉斯 · 巴尔特的水草养殖场中。整片叶子上都混杂着红褐色的斑纹，形态十分优美，是红色系斑纹水草中的名品，至今仍备受青睐。与小熊皇冠草一样，是非常适合初学者的皇冠草改良品种。养殖难度不大，不过，保证强光并注意施肥可以让新叶更容易发色，红色会更美。同一亲本的杂交品种会出现很多不同形态。

坦尚皇冠草

Echinodorus 'Tanzende Feuerfeder'

泽泻科 / 别名：舞动的红羽
改良品种
光量：□　CO_2 量：●　底床：▲ ▲

红火焰皇冠草（*Echinodorus* sp. 'Red Flame'）与多个杂交品种杂交后得到的改良品种。2000 年后诞生了一批叶中带有飞白色调的皇冠草改良品种，坦尚皇冠草就是其中的代表之一。红色的斑纹十分粗放，仿佛用毛刷刷在叶片上一样，同时斑纹之间层层叠叠，图案十分复杂，魅力十足，很难用语言形容。斑纹图案在弱光下也很容易显现。水中叶长 30cm，宽 7cm，叶柄很长，最高可达 70cm，体型较大。

红钻皇冠草

Echinodorus 'Red Diamond'

泽泻科 / 改良品种
光量：□　CO_2 量：●　底床：▲ ▲

2006 年在乌克兰培育出的改良品种，杂交亲本为红乌拉圭皇冠草与红香瓜草。叶片富有光泽，同时又有一种透明感，独特的色彩极具魅力。与东方皇冠草十分相似，但叶脉发红，并非白色。叶呈椭圆形，长 15 ~ 20cm，宽 2 ~ 3cm，叶片边缘呈明显的波浪状起伏。叶色为宝石红色。如果光线充足、营养充分，叶色会更为浓郁。生长速度缓慢，体型很难长大，因此很适合用于小型草缸的中心位置。

蕊妮皇冠草

Echinodorus 'Reni'

泽泻科 / 改良品种
光量：☐　CO₂量：●　底床：▲ ▲

大熊皇冠草（*Echinodorus* sp. 'Big Bear'）与豹纹皇冠草的杂交品种。水中叶由宽椭圆形至长椭圆形不等，长25cm，宽8cm，叶柄长10cm。新叶呈鲜艳的紫红色。对环境要求不高，很容易养殖。虽然属于中型水草，但植株直径为15～25cm。仔细将陈旧的外叶从叶柄基部除去，可以令株型更为小巧紧凑，使水流更通畅，从而保持良好的生长环境。保证强光照射并注意施肥，可令叶色更为浓郁。

圣艾尔摩之火皇冠草

Echinodorus 'Sankt Elmsfeuer'

泽泻科 / 改良品种
光量：☐　CO₂量：●　底床：▲ ▲

大熊皇冠草与豹纹皇冠草的杂交品种，紫红色的叶片极具特色。叶呈椭圆形，长15～30cm，宽3～5.5cm，叶柄长15～20cm。叶片边缘略呈波浪状。与杂交亲本相同的蕊妮皇冠草极为相似，但本种更细更长。强光下，叶片呈紫红色，尤其是新叶，甚至会接近黑色，色彩十分优美。由于叶脉也为红色，整体色调更为突出，是造景中的绝对主角，存在感极强。

小熊皇冠草

Echinodorus 'Small Bear'

泽泻科 / 别名：'Kleiner Baer' 'Little Bear' / 改良品种
光量：☐　CO₂量：●　底床：▲ ▲

卵圆皇冠草、红香瓜草与红乌拉圭皇冠草的杂交品种。叶片长10～15cm，宽4～7cm，叶柄较短，5～10cm，整体高度为15～25cm，株型小巧紧凑。对水温的适应范围较广，也很容易入手，是最适合初学者的红色系皇冠草改良品种之一。对环境要求不高，很容易养殖，这也是它的魅力之一。叶色不过分突出，可以欣赏到多种组合。

光谱皇冠草

Echinodorus 'Spectra'

泽泻科 / 改良品种
光量：☐　CO₂量：●　底床：▲ ▲

改良品种。叶片上有光谱般丰富多彩的颜色，故名"光谱皇冠草"。在不同的养殖条件下，叶片能呈现出不同的颜色，从淡绿色到粉红色、紫色，甚至还会出现接近黄色和橙色的色调。强光照射可令叶片更容易发色。四周适合搭配一些色彩丰富的有茎草，如节节菜属的水草。前面适合配置一些明亮的绿色水草，如三裂天胡荽等。

厚叶皇冠草

Echinodorus portoalegrensis

泽泻科 / 分布：巴西南部
光量：□　CO₂量：●　底床：▲ ▲

水中叶长 5 ~ 16cm，宽 2 ~ 7cm，根茎匍匐生长。皮质叶片硬挺，叶色为较暗的深绿色。叶尖向下卷曲，叶片略微扭曲。生长速度缓慢。属于三倍体或四倍体，是大花皇冠草与心皇冠草的自然杂交种。适合 21 ~ 24℃的较低水温，底床应使用大矿砂。由于生长速度缓慢，必须特别注意水质管理，以免附生藻类。

三色皇冠草

Echinodorus 'Tricolor'

泽泻科 / 改良品种
光量：□　CO₂量：●　底床：▲ ▲

水中叶呈宽披针形，长 10 ~ 16cm，宽 4 ~ 6cm，叶柄长 10 ~ 16cm，高度为 20 ~ 25cm，有时还会更高。新叶从黄色变为粉红色，之后逐渐变为绿色。有时会出现隐约的红色斑点。与东方皇冠草一样，属于为数不多的粉色系皇冠草，十分珍贵。关于它的杂交亲本说法不一，不过长叶九冠肯定是其中之一。

柳叶皇冠草

Helanthium bolivianum 'Angustifolius'
(*Echinodorus angustifolius*)

泽泻科 / 别名：狭叶玻利维亚匍茎慈姑 / 分布：巴西
光量：□　CO₂量：●　底床：▲ ▲

玻利维亚匍茎慈姑（*Helanthium bolivianum*）的三倍体。水中叶最长可达 60cm。即使在草缸内，也可从水深 45cm 的地方生长到水面上。叶宽 3 ~ 4mm，又细又长的叶片是本种最大的特色，与某些苦草属（*Vallisneria*）水草十分相似，适合用作后景草。尤其是在要求必须使用南美原产水草进行造景时，可以发挥重要作用。底床材料最好使用水草泥，与其他南美水草一样，非常容易养殖。

尖叶皇冠草

Helanthium bolivianum 'Latifolius'
(*Echinodorus latifolius*)

泽泻科 / 别名：阔叶玻利维亚匍茎慈姑 / 分布：巴西
光量：□　CO₂量：●　底床：▲ ▲

水中叶长 10cm，宽 5 ~ 10mm，叶柄长 1 ~ 2cm。叶片为明亮的绿色。是流通量很大的一款入门级水草。本种与市面上的迷你皇冠草、柳叶皇冠草其实都不属于肋果慈姑属（*Echinodorus*），而是属于玻利维亚匍茎慈姑（*Helanthium bolivianum*），为图方便，很多商家在售卖时仍延用旧学名 *Echinodorus latifolius*，但不同水草养殖场的观点不同，处理方法也不同，因此目前市场上本种的名称比较混乱。

迷你皇冠草

Helanthium bolivianum 'Quadricostatus'
(*Echinodorus quadricostatus*)

泽泻科 / 别名：迷你玻利维亚匐茎慈姑
分布：中南美洲
光量：☐ **CO₂量：**● **底床：**▲ ▲

玻利维亚匐茎慈姑的品种之一，三倍体。在草缸内养殖时，高度通常为10～15cm，有时也会超过20cm。在玻利维亚匐茎慈姑的品种中，属于养殖难度比较低的。水中叶呈明亮的绿色，柔软，水中姿态非常优美。叶片颜色容易变淡，需定期施肥。数株丛生的状态十分优美，可用作小型草缸的中心景观。密集种植比较容易保持小巧的株型。

螺旋皇冠草

Helanthium bolivianum 'Vesuvius'
(*Echinodorus vesuvius*)

泽泻科 / 别名：螺旋玻利维亚匐茎慈姑
改良品种
光量：☐ **CO₂量：**● **底床：**▲ ▲

柳叶皇冠草的改良品种，由新加坡东方水族馆培育而成。特征是叶片强烈卷曲，酷似扭兰。越靠近叶尖的部分越窄、越尖锐，感觉比扭兰的叶片更锐利。尽管造型独特，但并不会令人感觉不自然，造景中使用时也不会显得突兀，使用方便。

扁叶兰

Sagittaria platyphylla

泽泻科 / 别名：扁叶慈姑 / 分布：北美洲
光量：☐ **CO₂量：**● **底床：**▲ ▲

水上叶由披针形至长卵形不等，长10～20cm，宽3～10cm。比圆柱叶泽泻兰（*Sagittaria graminea*）的叶片更宽。另一个区分二者的标志是扁叶兰有块茎。扁叶兰的带斑纹的品种也有块茎，也可以通过有无块茎判断是否本种。水中叶呈线形，长5～28cm，宽0.5～2.7cm。皮实，易养殖，耐寒性与耐干燥性都很强，很适合室外栽培，但注意不要释放到自然环境中。

迷你水兰

Sagittaria subulata

泽泻科 / 别名：泽泻兰、细叶慈姑 / 分布：北美洲
光量：☐ **CO₂量：**● **底床：**▲ ▲

水中叶呈线形，最长可达60cm，在草缸内养殖时，长10～40cm。在自然环境中，主要生长在半咸水水域，另外，海岸附近的河岸等处也常常可以看到丛生的迷你水兰。它可以很好地适应碱性水质，在底床为大矶砂类型的草缸中也能正常生长。此外，迷你水兰非常皮实，即便是富营养化的水质也不会对其长势造成影响。室外养殖时偶尔会形成浮叶。

宽叶迷你泽泻兰

Sagittaria subulata 'Pusilla'
(*Sagittaria pusilla*, *Sagittaria subulata* var. *pusilla*)

泽泻科 / 别名：派斯小水兰
分布：北美东部
光量：☐　CO₂量：●　底床：▲ ▲

迷你水兰的小型变种，多被用于前景。叶长通常为 5 ~ 10cm，但在不同养殖条件下，也有可能超过 30cm。由于后来陆续又出现了尖叶的以及体型更小的产品，最近市面上已很少见到宽叶迷你泽泻兰的身影。与迷你水兰一样容易养殖，极具魅力。除用于铺设绿色地毯外，还可与其他前景草混栽在一起，或布置在前景与中景之间，形成过渡。

威勒中水兰 ▯

Sagittaria weatherbiana

泽泻科
别名：巨型水兰、长叶泽泻兰
分布：北美洲
光量：☐　CO₂量：●　底床：▲ ▲

水上叶呈匙形，长 15 ~ 20cm，宽 2 ~ 3cm。水中叶为线形，长 20cm，宽 2 ~ 3cm。没有块茎，水中叶状态下越冬。总状花序、水中叶宽 1cm 以上是它的主要特征。非常皮实，是常见的草缸观赏植物，最近在鱼缸圈也深受欢迎，还有很多人把它养殖在小水钵里。注意不要释放到室外自然环境中。

长茎簀藻

Blyxa japonica var. *alternifolia*

水鳖科 / 分布：东南亚
光量：☐☐　CO₂量：● ●　底床：▲

长茎簀藻的分布范围广，形态变化多。目前市场上流通的主要为有茎的类型，茎会一直伸长，叶长 2.5 ~ 5cm，宽 2mm，多分枝。叶色由绿色至绿中带红，颜色多样，有些叶片的红色非常浓郁。与日本簀藻关系密切，二者的区别在于种子表面有无凸起，有凸起的为长茎簀藻。喜弱酸性水质，养殖时最好使用水草泥，并添加 CO₂。丛生时的姿态非常优美。

马达加斯加蜈蚣草

Lagarosiphon madagascariensis

水鳖科 / 分布：马达加斯加
光量：☐　CO₂量：●　底床：▲ ▲

叶呈线形，长 2 ~ 3cm，宽 0.5 ~ 1mm，叶色为极具透明感的亮绿色。由于水草泥越来越普及，而马达加斯加蜈蚣草又不太适应 pH 值较低的环境，因此养的人越来越少。不过，最近，由于它叶片纤细，造景时整片浓荫的效果十分优美，又重新得到了人们的认可。添加 CO₂，养殖效果会更好。与鹿角苔搭配在一起也很美。此外，还可与喜好相同水质的小虾组合在一起。

小竹节

Najas guadalupensis

水鳖科
分布：北美洲、中美洲、南美洲
光量：☐　CO_2量：●　底床：▲ ▲

叶呈线状披针形，长 1.5 ~ 3cm，宽 1 ~ 2mm，叶片边缘有不太明显的细小锯齿，全长可达 100cm。叶色为橄榄绿色，整体色调十分柔和。勤分枝，茎比较易折。容易养殖，不添加 CO_2 也能正常生长，因此可用于养虾缸。只要能保持 20℃以上的水温，鱼缸里也能生长。不适合水流较强的环境。

印度小竹节

Najas indica

水鳖科 / 别名：印度茨藻
分布：广泛分布于热带亚洲
光量：☐　CO_2量：●　底床：▲ ▲

叶呈线形，长 2 ~ 3cm，宽 1mm，叶片边缘有细小的锯齿，叶片明显外翘。茎能长到 50cm 左右，但比较易折，因此在草缸内不会长到太高。容易分枝，在水流较弱的草缸内，可形成茂密的一丛。如果养殖环境良好，小小的茎叶碎片也能发出细根，随处生长，不知不觉就能繁茂起来。适用于中景。

大茨藻

Najas marina

水鳖科
分布：广泛分布于世界各地
光量：☐ ☐　CO_2量：● ●　底床：▲

叶呈线形，长 2 ~ 6cm，宽 0.1 ~ 0.2cm，叶片边缘有突出的刺状锯齿，特征明显。不过，锯齿的大小与数量根据产地的不同会产生巨大差异。全长能达到 100cm。在世界上大部分地区均为一年生，不过在热带地区有可能会多年生。带有尖刺的水草十分罕见，观赏价值极高，不过长期维护的难度较高。

水车前

Ottelia alismoides

水鳖科 / 别名：龙舌草、水带菜
分布：亚洲热带地区~温带地区、澳大利亚
光量：☐ ☐　CO_2量：● ●　底床：▲

根据水深的不同，水草的大小与叶形会发生巨大变化，高者可达 75cm。叶呈狭披针形至圆心形不等，叶长 3 ~ 35cm，宽 1 ~ 18cm，叶片边缘有锯齿，偶尔叶柄上也会有锯齿。大型植株的叶柄长可达 50cm。花柄最长可达 60cm，尖端开花，花瓣由白色至粉色，花型可爱动人。标准的水草形态，极具透明感，造型优美，在造景中堪当主角。

旋叶水车前

*Ottelia
mesenterium*

水鳖科
分布：印度尼西亚
苏拉威西岛
光量：□□
CO₂量：●●
底床：▲

叶色深绿，整体高度 15～25cm，叶长 20cm，宽 0.7～1.5cm，叶片呈剧烈的波浪状起伏，很容易令人联想到大喷泉或椒草类水草。形态奇特，与马达加斯加网草同属奇珍水草。养殖难度较大，但颇具挑战价值。应保持中性至碱性水质，使用大矾砂类型的底床材料，注意清洁。

有茎水兰

Vallisneria caulescens

水鳖科 / 分布：澳大利亚
光量：□ CO₂量：● 底床：▲▲

形态有些奇特的后景草。叶呈宽线形，长 10～30cm，宽 0.5～1.5cm，钝形叶片，上方带有锯齿，叶色多样，有些呈明亮的绿色，有些绿中带红。雌雄异株，并非放射状生长，而是属于有茎草，叶腋部会生出走茎。营养输送较慢，刚引入草缸时叶片会脱落，不过适应环境后，新株很容易养殖。喜软水，适合用水草泥养殖，最好添加 CO₂。

迷你扭兰

Vallisneria 'Mini Twister'

水鳖科 / 改良品种
光量：□ CO₂量：● 底床：▲▲

扭兰系列中的小型品种，叶长 10～15cm。叶片边缘的锯齿蔓延至整片叶片。该品种出自欧洲的水草养殖场，他们从扭兰的栽培品种中挑选出体型不会长大的进行改良，并获得了成功。目前，这一购买渠道虽已中断，但可从印度的水草养殖场购入。不要觉得扭兰就一定要放在后景，可以尝试将其用于更多的位置。

澳洲水兰

Vallisneria triptera

水鳖科 / 分布：澳大利亚
光量：□□ CO₂量：●● 底床：▲▲

虽然名为水兰，但澳洲水兰更像有茎草，完全看不出水兰的特点。比较起来，它更接近同属于水鳖科、与水兰关系很近的虾子菜或狭叶虾子菜。图中的照片拍摄于西澳大利亚的金伯利地区。澳洲水兰在海外的水草养殖场多有交易，但目前还没有应用于水草造景。

虾柳

Potamogeton gayi

眼子菜科 / 分布：南美洲
光量：☐ **CO_2量：**● **底床：**▲ ▲

叶呈线形，互生，叶长 4 ~ 12cm，宽 0.2 ~ 0.5cm。原产于南美洲，与尖叶眼子菜十分相似。云霞般伸展的姿态与橄榄绿的叶色都深受行家的青睐。底床可使用水草泥，但注意 pH 值不要太低。虾柳不喜水温过高，因此夏天要勤换水。长成大丛的样子最为优美。

微齿眼子菜

Potamogeton maackianus

眼子菜科 / 别名：黄丝草 / 分布：中国、日本、朝鲜
光量：☐ **CO_2量：**● **底床：**▲ ▲

叶呈线形，长 2 ~ 6cm，宽 1.5 ~ 4mm。叶尖凸状，叶片边缘有锯齿。叶色多样，由绿色至深橄榄绿不等，间或呈棕褐色。在草缸内多为较深的绿色，十分素雅。作为沉水植物，微齿眼子菜既能生长在较深的水域中，又能在浅滩上形成茂盛的草丛。造景时可置于蕨类植物与莫丝（苔藓类植物）之间，是装饰中后景的绝佳材料。

绶香

Spiranthes odorata

兰科 / 分布：美国
光量：☐☐ **CO_2量：**● ● **底床：**▲

叶呈狭椭圆形至狭倒披针形，长 10 ~ 30cm，宽 1.5 ~ 3cm，整体高度 10 ~ 20cm。在草缸内生长速度缓慢，体型较小。花柄长 50 ~ 80cm，秋季开花，白色的花朵酷似绶草的花。以前需从德国进口，现在已很容易购得。除草缸外，还可养在陆族缸或小水钵中，欣赏优美的花姿。

水竹叶

Murdannia keisak（*Aneilema keisak*）

鸭跖草科 / 别名：疣草 / 分布：中国、日本
光量：☐ **CO_2量：**● **底床：**▲

水中叶呈狭披针形，长 9cm，宽 1cm，互生，有叶鞘。向斜上方或直立生长。叶色为绿白色，强光下略带红色。在日本是很常见的水田杂草，混在水稻中被带入欧洲后，在欧洲出现归化，并逐渐发展成草缸中的观赏水草，深受水族发烧友的青睐。目前已可通过组织培养进行繁殖，并大量普及。使用水草泥并添加 CO_2 后，很容易养殖。

巴西绿水竹叶

Murdannia sp. 'Pantanal Green'

鸭跖草科 / 分布：巴西潘塔纳尔湿地
光量：□ CO₂量：● 底床：▲

水竹叶属水草中的绿色类型。具透明感的明亮绿色，魅力十足。如果养殖环境不合适，水草颜色会发浊，变成棕色并逐渐枯萎。底床必须使用水草泥，保持强光照射并添加CO₂。同时应控制住较低的pH值。只要确保环境良好，就很容易养殖。虽然原产于巴西的潘塔纳尔湿地，但却莫名地有一股日式风情。此外，与带有透明感的深绿色黑木蕨搭配起来，效果也不错。

巴西红水竹叶

Murdannia sp. 'Pantanal Red'

鸭跖草科 / 别名：红水竹叶 / 分布：巴西潘塔纳尔湿地
光量：□ CO₂量：● 底床：▲

水上叶与水竹叶十分相似，但水下部分的叶片边缘至叶片全部皱缩起来，呈剧烈的波浪状起伏。水中叶由粉红至红棕色不等，极具透明感。控制住低pH值，保持强光照射并添加CO₂后，叶片可能会呈酒红色。叶宽不会改变，但叶片长度会有所增长，寥寥数根也能表现出极强的存在感。由于叶片向斜上方生长，用于中景或后景时，叶片从一大片水草中伸出来，会很有看点。

几内亚水竹叶

Commelinaceae sp. 'Guinea'

鸭跖草科 / 分布：几内亚
光量：□ CO₂量：● 底床：▲

由非洲几内亚进口的鸭跖草科水草。外形酷似水竹叶，但花朵形状与水竹叶截然不同。水中叶的大小与水竹叶基本相同，区别在于本种叶片边缘呈波浪状起伏。形态介于巴西红水竹叶与水竹叶之间。强光下，茎上部的叶片会带有红色。没有明显的亚洲风情，可尝试不同的组合。

小竹叶

Heteranthera zosterifolia

雨久花科 / 分布：南美洲
光量：□□ CO₂量：● ● 底床：▲

水中叶呈线形，长5cm，宽3～7mm，互生，同时呈螺旋排列。叶片柔软单薄，叶色为明亮的绿色，外形酷似艾克草，但比艾克草更容易养殖。只需准备水草泥和明亮的照明灯，无需添加CO₂。植株下方分枝的芽会匍匐生长，所以也可用于前景。如果植株过于密集，会影响长势，因此，应定时修剪，以免叶片挡住光线。

火花

Heteranthera gardneri (Hydrothrix gardneri)

雨久花科
别名：针叶竹节草
分布：巴西
光量： ☐☐　**CO_2量：** ●●　**底床：** ▲

丝状水中叶长 2～4cm，7～30 叶轮生。火花与丝叶谷精草的外形极其相似，二者的区别在于火花是轮生叶序，而丝叶谷精草则是螺旋排列的旋生叶序。叶色为明亮的绿色。添加足量的 CO_2 及营养素，同时保证强光照射，可令叶片的绿色更加浓郁、姿态更为优美。喜弱酸性至中性水质，适合使用水草泥。在草缸内也可开出闭锁花，生成实生苗。

玛瑙斯谷精太阳

Syngonanthus sp.'Manaus'
(*Syngonanthus* cf. *inundatus* 'Manaus')

谷精草科　/　分布：巴西
光量： ☐☐　**CO_2量：** ●●
底床： ▲

与贝伦谷精太阳相比，叶幅较窄，叶长 2～3.5cm，而叶宽只有 1～2mm。叶片卷曲不太明显，尖锐的叶尖显得比较突出，给人以十分锋利的印象。二者养殖条件基本相同，但本种养殖难度更大，环境条件稍不满足，就会枯萎溶化。因此，一定要注意环境的急剧变化，尤其要控制住低 pH 值。与细叶水草搭配在一起效果较好，适用于比较时尚的造景。

贝伦谷精太阳

Syngonanthus macrocaulon 'Belem'

谷精草科　/　别名：普通谷精太阳
分布：南美洲
光量： ☐☐　**CO_2量：** ●●
底床： ▲

本种可谓谷精太阳的基本款，是同种水草中的入门级品种，非常容易养殖。叶片卷曲明显，顶芽蓬松茂密，姿态十分优美。叶长 2～3cm，宽 2～3mm，叶色为明亮的绿色。肥料不足时，叶片上容易出现白色，因此一定要注意施肥，补充铁肥尤为重要。pH 值应控制在 5.5～6.5 之间，换水时注意添加降 pH 值调节剂。底床应使用水草泥，保证强光照射并添加 CO_2。适用于较低的中景造型。

贝伦宽叶太阳

Tonina fluviatilis 'Belem'

谷精草科
分布：中美洲～南美洲的热带地区
光量： ☐☐　**CO_2量：** ●●
底床： ▲

近年来研究表明，本种属于 *Tonina* 属，而贝伦谷精太阳则属于 *Syngonanthus* 属。叶长 1～2.5cm，宽 3～6mm。养殖条件与贝伦谷精太阳基本相同。易分枝，很容易繁殖，因此如果长势过于旺盛，有可能挡住下部光线，造成叶片枯萎，甚至导致水草整体腐烂，一定要多加注意。造景时可充分利用它的存在感，通过增加数量来吸引关注。

短莛谷精

Eriocaulon breviscapum

谷精草科
分布：印度
光量：□□ **CO₂量：**●● **底床：**▲

水中叶呈直线形，长 20 ~ 25cm，叶尖部分渐尖，基部最宽处约3mm。主要生活在水流较缓的河流的岸边和水中，适合草缸养殖。对环境要求并不高，但若想养得好看，仍需满足一定的条件。应勤换水，夏季注意防高温。既可用于小型草缸的后景，也可用于大中型草缸的中景，独特的体型大小是本种最大的优点。

丝叶谷精草

Eriocaulon setaceum

谷精草科 / 分布：亚洲、澳大利亚、南美洲、非洲
光量：□□ **CO₂量：**●● **底床：**▲

有茎类的谷精草，叶长 4.5 ~ 5cm，宽 0.5mm，淡绿色。白色的茎很柔软。广泛分布于世界各地，不同地区的植株大小会有所差异。喜酸性水质，在 pH 值为 6 左右的环境里比较容易养殖。对综合营养成分要求较高，在换水的同时应定期添加足量的营养剂。还要保证强光照射，并添加 CO₂。茎的上方分枝。应在萌发花芽前进行修剪，修剪时需将水草从底床中拔出，剪掉茎的下部后再重新种植。

赤焰灯心草

Juncus repens

灯心草科 / 分布：美国、古巴
光量：□ **CO₂量：**● **底床：**▲▲

灯心草科的水草种类非常多，但适合草缸养殖的却十分罕见，而赤焰灯心草正是其中之一。由于头状花序上会伸出无性芽，因此外形介于有茎草与放射状水草之间。这种现象也多见于同属的其他水草，如水田里常见的笄石菖等。有意思的是，正是这一特点使它非常适合草缸养殖。强光下，叶片会变成深橘色。比较皮实，但容易附生藻类，需特别小心。最适合用作中景的点缀。

波叶谷精太阳

Syngonanthus sp.'Rio Uaupes'

谷精草科 / 别名：波叶太阳 / 分布：巴西
光量：□□ **CO₂量：**●● **底床：**▲

茎较硬，叶长 4 ~ 5cm，宽 2 ~ 3.5mm，叶片柔软，叶色为绿白色。肥料不足时容易出现白化现象，一定要定期施肥。尤其要注意补充铁肥。pH 值应控制在 5.5 ~ 6.5，换水时注意添加降 pH 值调节剂。底床最好使用水草泥，保证强光照射并添加 CO₂。适用于中后景。

鹿角矮珍珠

Ranunculus inundatus

毛茛科 / 别名：洼地毛茛 / 分布：澳大利亚
光量：□□ **CO₂量：**●● **底床：**▲▲

3 片或 5 片小叶形成掌状复叶，每片小叶上都有几个较深的缺刻。叶柄长 2.5 ~ 15cm。如果草缸内光线较暗，叶片容易向上直立伸展。对水质酸碱度的适应性强，从弱酸性至弱碱性都能适应。注意保持强光照射并添加适量的 CO₂。在适应草缸内的环境之前，长势可能会令人担心，但适应后，生长速度较快。形态独特，可用于前景与中景之间的过渡，颇具趣味。

红雨伞

Proserpinaca palustris

小二仙草科 / 分布：北美洲、中美洲
光量：□□ **CO₂量：**●● **底床：**▲▲

与乳突狐尾藻同属于小二仙草科，广泛分布于北美至南美地区。引入草缸后，叶片先是浅裂，然后慢慢加深，逐渐变成梳齿状。目前市场上流通的产品多为卓必客公司研发的古巴产红雨伞，特点是叶片中央较宽。保持强光照射并添加适量的 CO₂ 后，叶色会变成深橘色。生长速度缓慢，可用作中景的焦点造型。

日本绿千层

Myriophyllum mattogrossense

小二仙草科 / 别名：雪花羽毛
分布：厄瓜多尔、巴西、秘鲁、玻利维亚
光量：□ **CO₂量：**● **底床：**▲▲

水中叶为 3 ~ 4 叶轮生，羽状细裂，全长 2 ~ 5cm，宽 1 ~ 3.5cm。各羽片均充分展开。叶片间缝隙较多，能营造出一种恬淡的氛围。最适合配置在众多水草中间，起过渡作用。强光下，会略向斜上方生长，不会长得太高，因此可置于中景最前方。事实上，日本绿千层可以在中景的各个位置上发挥作用。而且，无论深绿、浅绿还是红色，它可与各种色彩的水草搭配在一起。也可用于日式水草造景。

细羽狐尾藻

Myriophyllum mezianum

小二仙草科
分布：马达加斯加
光量：□ **CO₂量：**● **底床：**▲▲

水中叶 3 ~ 4 叶轮生，羽状细裂，各羽片都很细。全长 2cm。与绿松尾和花水藓一样，属于叶片纤细的小型水草。叶色浅绿，顶芽有时略带红色。喜弱酸性水质，只要保持强光照射，添加 CO₂，并注意施肥，很容易养殖。比其他狐尾藻更不耐低温，水温最好维持在 25℃。细羽狐尾藻能营造出一种独特的氛围，可用于小型草缸的后景。

圭亚那狐尾藻

Myriophyllum sp. 'Guyana'

小二仙草科 / 分布：圭亚那
光量：□□　**CO₂量：**●●　**底床：**▲▲

小型狐尾藻，叶长1～1.5cm，属于经典的中景草。丛生状态下，圆滚滚的顶芽聚在一起，形态十分优美。绿色的叶片明亮闪耀，十分引人注目。定植时应剪掉溶化的部分，注意保证足够的光照，等它适应环境后，能形成大片茂密的水草，非常壮观。出现大量换水等剧烈的环境变化时，需特别注意。在狐尾藻中，属于生长速度较慢的。可用于小型草缸的后景。

卡匹水苋菜

Ammannia capitellata
(*Nesaea triflora*、*Ammannia mauritiana*)

千屈菜科 / 别名：三花绿蝴蝶
分布：马达加斯加、毛里求斯、留尼汪岛
光量：□　**CO₂量：**●　**底床：**▲▲

卡匹水苋菜的特点是水上叶与水中叶均为优美的绿色。如果光线不足，叶片容易发黑枯萎。在适应环境之前长势会不太稳定，不过适应后就很容易养殖。据说在马达加斯加岛南部的河流中，常常与细羽狐尾藻混生在一起。可再加上北极杉、细叶草皮等，以产地为马达加斯加岛及其邻近岛屿的水草为主题进行造景，别有一番趣味。

非洲红柳

Ammannia pedicellata (*Nesaea pedicellata*)

千屈菜科 / 别名：黄金柳、具梗水苋菜
分布：坦桑尼亚、莫桑比克
光量：□□　**CO₂量：**●●　**底床：**▲

水中叶长9cm，宽1.5cm，体型较大，虽然不像青红叶那么好养，但养殖难度也不大。养殖条件与青红叶基本相同，但本种对养分的需求更高，因此，除了添加微量营养素外，还需添加综合性肥料。红色的茎与略带黄色的叶片的色彩对比十分优美，丝毫不逊色于其他绿色系或红色系的水草。在同属水草中是最适合用于造景的。

西非黄金柳

Ammannia pedicellata 'Golden'

千屈菜科 / 改良品种
光量：□□　**CO₂量：**●●　**底床：**▲

西非黄金柳是非洲红柳的黄金叶品种，由佛罗里达的水草养殖场培育而成。水上叶呈明亮的黄色，令人眼前一亮。黄色的叶片与红色的茎形成鲜明的对比，十分优美。水中叶由芥末黄至橘色不等。强光下叶片发色更为浓郁。养殖条件与非洲红柳基本相同，不过在适应草缸环境之前需小心照料。必须添加CO₂。一定要尽力避免水质变化，底床最好选用水草泥。

非洲艳柳

Ammannia praetermissa
(*Nesaea* sp.'Red', *Nesaea praetermissa*)

千屈菜科 / 分布：西非
光量：□□ **CO_2量：**● ● **底床：**▲

养殖难度极高，但只要方法得当，也能在草缸中养殖。关键是底床材料必须选用水草泥，pH 值一定要控制在 6 左右，每周换几次水，并定期施肥。最重要的是一定要保持强光照射，同时，也要添加大量的 CO_2。以前是一款无名水草，2012 年学名被定为"*Nesaea praetermissa*"，后变更为现在的学名。

亚拉圭亚红十字叶萼距花

Cuphea sp. 'Red Cross Araguaia'

千屈菜科
分布：巴西
光量：□□ **CO_2量：**● ● **底床：**▲

与牛顿草一样，叶片十字对生，十分优美。水中叶呈线形，深红色。与南美小圆叶的共同点很多，如茎的下方分枝、下方叶片容易掉落、喜欢的环境特点等。二者开的花也很像，只不过南美小圆叶的花为白色，本种的花为粉色。生长速度不算很快，适用于中景。施肥后叶色会发红，是造景中很好的点缀。

南美小圆叶

Cuphea anagalloidea

千屈菜科 / 分布：巴西
光量：□□ **CO_2量：**● ● **底床：**▲

以前被划分为节节菜属的水草，后来发现虽同属于千屈菜科，但它却属于萼距花属（*Cuphea*），是萼距花属已知的 280 余种植物中为数不多的水生物种。水中叶呈椭圆形，与节节菜属（*Rotala*）的水草一样，叶尖有凹陷。叶长 1cm，宽 5mm 左右。产地不同，叶色会有所差异。图片中的水草产于亚拉圭亚，叶片发红，而其他产地的则有可能为橙色。必须保持低 pH 值，保证强光照射并添加 CO_2。

牛顿草

Didiplis diandra

千屈菜科 / 分布：美国东部
光量：□ **CO_2量：**● **底床：**▲ ▲

牛顿草的特点是叶片柔软、十字对生。水中叶呈线形，长 2.2 ~ 2.6cm，宽 1.5 ~ 3mm。喜强光，如果光线太弱，茎叶容易发黑、腐烂、枯死。强光下，叶片会发红，弱光下则为绿色。很容易分枝，可从中景到后景形成一片美丽的水草丛。生长过程中需要丰富的养分，除底床肥料外，还需添加液体的微量营养素，尤其要注意补充铁肥。注意水温不要超过 26℃。

迷你红蝴蝶

Rotala macrandra 'Mini Butterfly'

干屈菜科 / 分布：印度
光量：□□ **CO$_2$量：**●● **底床：**▲

红蝴蝶的小型品种，由印度水草养殖场购进。大小不足尖叶红蝴蝶（*Rotala macrandra* 'Narrow Leaf'）的一半，叶片较细，叶色深红。叶片边缘呈剧烈的波浪状起伏，十分引人注目。与宫廷草不同，叶片会向上不断伸展，因此非常适用于中后景。聚集在一起时十分醒目，因此搭配时要注意保持协调。养殖条件与红蝴蝶基本相同，但养殖难度更低，叶片也更容易发色。

珍珠红蝴蝶

Rotala macrandra 'Pearl'

干屈菜科 / 分布：印度
光量：□□ **CO$_2$量：**●● **底床：**▲

绿蝴蝶的矮生种在市场上有好几种不同的类型，其中，本种是最古老、体型最小的一种。在印度西南部果阿邦的近郊，经常可以见到本种的身影。由于体型较小、生长速度缓慢，所以需特别注意观察它是否被其他水草遮挡，有没有获得充足光照。在以小型水草为主题的造景中可以发挥重要作用。

墨西哥水松叶

Rotala mexicana

干屈菜科 / 别名：轮叶节节菜
分布：亚洲（中国、日本等）、中南美洲、非洲、澳大利亚
光量：□□ **CO$_2$量：**●● **底床：**▲

墨西哥水松叶是节节菜属中分布最广的种。产地不同，水中叶的颜色会有所差异。在日本关东地区的某些地方叶色为绿色，在中国的一些地区则会呈现红色。草缸养殖时，底床材料应选用水草泥，必须添加CO$_2$，光线不能太弱。如果被其他水草挡住光线，会迅速打蔫。在小型草缸中更方便照顾，也能更好地展现它纤细的特点。

亚拉圭亚小百叶

Rotala mexicana 'Araguaia'

干屈菜科
分布：巴西
光量：□□ **CO$_2$量：**●● **底床：**▲

墨西哥水松叶的变种，产于巴西亚拉圭亚河流域。感觉比墨西哥水松叶更结实，茎比较粗，叶幅更宽。茎略带红色，搭配上叶片明亮的绿色，令人印象深刻。底床材料应选用水草泥，同时需添加水质调节剂，将水质调整为弱酸性，满足这些条件的话比较容易养殖。色彩与形状百搭，可在中景打造出丰富多彩的组合。

小圆叶

Rotala rotundifolia

千屈菜科 / **别名：圆叶节节菜** / **分布：东南亚、南亚**
光量：☐ **CO₂量：**● **底床：**▲ ▲

小圆叶是现代水草造景中不可或缺的素材之一，也是节节菜属水草中最基本的种类。水上叶与水中叶的形态差异明显，水上叶呈圆形，叶质较厚；水中叶较窄长，叶质较薄。非常皮实，底床可选用大矶砂，无需添加 CO₂ 就能很好地生长，是红色系水草中首屈一指的入门种。水中叶呈狭披针形，长 2.2 ~ 2.5cm，宽 3 ~ 4mm。改善养殖条件后，能速见成效。增强照明，叶色就会更浓郁，结果一目了然，非常适合初学者用来学习养殖经验。

锡兰小圆叶

Rotala rotundifolia 'Ceylon'

千屈菜科 / **别名：锡兰节节菜** / **分布：斯里兰卡**
光量：☐ **CO₂量：**● **底床：**▲ ▲

质感较薄，很容易令人联想到沼生水马齿（*Callitriche palustris*），是风格比较独特的小圆叶变种。叶色呈略带一丝黄色的、明亮的橄榄绿色，并不花哨，却有一种独特的魅力。令人印象深刻。虽然没有特别明显的特征，但存在感十足，一眼看上去，就知道这是锡兰小圆叶。适合搭配色彩浓郁的水草，无论绿色还是红色，都能将其衬托得十分出色。与沉木搭配，效果也很好。

印度卡利卡特宫廷草

Rotala rotundifolia 'Indica Calicut'

千屈菜科 / **分布：印度**
光量：☐ **CO₂量：**● **底床：**▲ ▲

印度卡利卡特宫廷草的特点是叶尖十分尖锐。靠近茎的部分叶幅最宽，然后逐渐变窄，越来越尖，给人的印象比叶片狭窄的黄松尾和瓦亚纳德宫廷草更尖锐。叶色为明亮的绿色，不带任何红色，叶片背面为绿白色，色彩鲜艳。匍匐生长，伸展时叶片略带弯曲。适合与叶片狭窄或体型较小的水草搭配在一起。广泛适用于各种型号不同的草缸。

印度红宫廷

Rotala rotundifolia 'Indica-Hi Red'

千屈菜科 / **分布：印度**
光量：☐ **CO₂量：**● **底床：**▲ ▲

矩形的卡其色叶片是其特征，十分独特。叶片宽度不会向尖端逐渐变窄，叶尖呈接近直线的钝形，因此叶片看上去仿佛长方形，形状罕见。棕色系水草的叶色大多偏红，而本种叶色偏绿，独特的卡其色极具魅力。水上叶生长速度缓慢，水中叶展开后生长速度也极为缓慢。从这一点看，可以说是最适合中景的宫廷草。

福建宫廷草

Rotala rotundifolia 'Fujian'

千屈菜科 / **分布：中国**
光量： ☐　**CO₂量：** ●　**底床：** ▲ ▲

小圆叶的变种，生长在中国福建省的水田中。这里的水田地下水涌动，水温较低。草缸中养殖时，可使用与小圆叶相同的水温，养殖条件也基本相同。强光下，叶色会变成素雅的胭脂红，有些类似卵叶水丁香，与普通的红色系宫廷草截然不同，有一种独特的雅致氛围。适合搭配深绿色的水草，尤其是水榕类水草。

绿宫廷

Rotala rotundifolia 'Green'

千屈菜科 / **别名：绿小圆叶** / **分布：东亚**
光量： ☐　**CO₂量：** ●　**底床：** ▲ ▲

宫廷草是现代水草造景中最重要的元素，而本种是宫廷草的基本款之一。如果没有宫廷草，当今的水草造景可能就会出现不同的发展走向。绿宫廷的叶片很细，叶色为明亮的绿色。细枝会不断分枝生长，仿佛自上而下轻轻地滑落。新长出的叶片前端与之前的部分重叠，形态自然，美不胜收。

粉红宫廷

Rotala rotundifolia 'Pink'

千屈菜科 / **别名：粉红小圆叶** / **分布：印度**
光量： ☐　**CO₂量：** ●　**底床：** ▲ ▲

细叶的绿色系宫廷草。与绿蝴蝶一样，叶片表面为黄绿色，背面为浅粉色。强光、多肥的条件下，叶片可能会发红，整体呈明亮的橄榄绿色。匍匐生长，大面积横向伸展，是不可多得的中景材料。水波流动或夜晚叶片向上闭合时，能隐约见到叶片背面的粉色，十分优美。

瓦亚纳德宫廷草

Rotala rotundifolia 'Wayanad'

千屈菜科 / **分布：印度**
光量： ☐　**CO₂量：** ●　**底床：** ▲ ▲

小圆叶的变种，产地位于印度半岛西南部的喀拉拉邦瓦亚纳德县。印度产的宫廷草多为细叶的，而本种的叶片尤其细。亮绿色的叶片略带一丝黄色，背面呈淡粉色，色彩优雅。耐修剪，匍匐生长，最适合用于制作从后方斜插到前面的造型，与较细的前景草搭配起来，效果会更好。

阿萨姆宫廷草

Rotala rotundifolia 'Assam'

千屈菜科 / 分布：印度
光量： ☐ **CO₂量：** ● **底床：** ▲ ▲

由印度水草养殖场培育出的众多小圆叶变种之一，与缅甸产的宫廷草一样，株型较宽，体型较大。非常皮实，进入新环境后也不会出现不适应，生长速度非常快。虽然并非越南紫宫廷那样的纯粹的红色系水草，但叶片容易发红。既可用于中景，也可在后景中发挥重要作用。

黄松尾

Rotala sp. 'Nanjenshan'

千屈菜科 / 分布：中国
光量： ☐ **CO₂量：** ● **底床：** ▲ ▲

经典的绿色系细叶节节菜属水草。产地位于中国台湾省南部地区的南仁山（Nanjenshan）生态保护区内的南仁湖。是节节菜属水草中最早的产地变种。叶片表面为绿色，背面为粉色，颜色对比十分优美。无论搭配绿色系还是红色系的水草，效果都很自然。可与多种不同类型的水草组合搭配。

阿鲁阿南宫廷草

Rotala ramosior 'Aruana'

千屈菜科 / 别名：阿鲁阿南夕烧
分布：南美洲（巴西），原产于北美洲
光量： ☐☐ **CO₂量：** ● ● **底床：** ▲

原产于北美地区，但本种由南美进口。生长状态良好的水中叶呈暗红色，如夕阳一般，十分优美。南美产的水草多喜酸性水质，但本种喜中性水质，在酸性水质中不能正常生长。选用水草泥时最好也使用中性的。生长速度不快，很容易控制高度，适合用于小型草缸的中景。一定要注意不要释放到室外。

魏氏节节菜

Rotala welwitschii

千屈菜科 / 别名：几内亚节节菜
分布：非洲热带地区
光量： ☐☐ **CO₂量：** ● ● **底床：** ▲

几内亚产的一种节节菜属水草。外形酷似小圆叶，但二者并非同种。生长速度比较缓慢，养殖起来有一定的难度。养殖的关键点是必须保证强光照射、添加适量的 CO₂、选用水草泥作为底床材料，并将 pH 值控制在较低的范围。生命力非常顽强，即使处于非常恶劣的状态，只要改善好环境，就能再次恢复健康。植株高度比较好控制，不会长得太高，适用于中景的前部。

小红莓

Ludwigia arcuata

柳叶菜科 / **别名：柳叶丁香蓼、小红梅、针叶丁香蓼**
分布：美国东部
光量：□□ **CO₂量：**●● **底床：**▲▲

水中叶长 4cm，宽 3mm。叶片如针一般细，因此别名"针叶丁香蓼"。叶色深红，具有一种独特的美感，在水草造景中极受欢迎。在以同样的小叶水草组成的绿色中景中，可以带来一抹令人瞩目的亮色。养殖的关键在于强光照射。再添加适量的 CO₂，控制住 pH 值并适量施肥，红色会更加浓郁，分枝速度也会更快。

豹纹叶底红

Ludwigia 'Atlantis' (*Ludwigia* sp. 'Dark Orange'、
Ludwigia repens 'Atlantis')

柳叶菜科 / **别名：亚特兰蒂斯** / **改良品种**
光量：□ **CO₂量：**● **底床：**▲▲

由红叶水丁香改良而成的斑纹品种。培育者为因培育皇冠草改良品种而知名的水草专家托马斯·卡利贝。以前被认为是红雨伞与红叶水丁香的杂交种。与以前从荷兰水草养殖场进口的产品风格截然不同。水上叶的黄斑在水中不太明显，比较明显的是叶片浓郁的橘色。色调温暖，与红色水草搭配起来效果非常好。

细叶水丁香

Ludwigia brevipes

柳叶菜科 / **别名：大红梅、大红莓**
分布：北美东南部
光量：□□ **CO₂量：**●● **底床：**▲▲

外形酷似小红莓，叶宽 4 ~ 5mm，比小红莓叶片更宽一些。若想正确分辨二者，最可靠的方法是观察花朵。叶色由橘色至红色不等，虽然不如小红莓的红色鲜艳，但本种更容易养殖。强光照射下，无需添加 CO₂ 即可茁壮成长。下部极少发生溶化，因此它不仅适用于中景，也适用于后景。与细叶的宫廷草搭配起来效果非常好，这也是它的魅力之一。

卵叶水丁香

Ludwigia ovalis

柳叶菜科
分布：中国、日本、朝鲜半岛
光量：□ **CO₂量：**● **底床：**▲

圆叶，互生，强光下叶色会变成浓郁的胭脂红，非常有个性。在红色系水草中，有一种独特的素雅感。与沉木搭配起来效果卓群，最好再配上一些椒草，造型会十分优美。此外，与泰国水剑等亮绿色的水草搭配起来也毫不突兀。养殖的关键在于使植株整体充分暴露在强光下，并添加 CO₂。

多毛水丁香

Ludwigia sphaerocarpa

柳叶菜科 / 分布：美国
光量：▢▢　CO₂量：●●　底床：▲

旧学名为 "*Ludwigia pilosa*"，后被订正为 "*Ludwigia sphaer-ocarpa*"，是一款比较异类的水丁香。主要分布于美国大西洋沿岸的得克萨斯州至马萨诸塞州一带。目前市场上流通的多毛水丁香，产地似乎是得克萨斯州的休斯敦。多毛水丁香的节距很短，形态独特，这一点从水上部分很难看出来。草缸养殖时必须保证强光照射。不仅可用作前景的焦点，也可用于区分前景与中景。

牡丹草

Aciotis acuminifolia

野牡丹科 / 分布：巴西
光量：▢▢　CO₂量：●●　底床：▲

牡丹草是野牡丹科已知的种中，唯一一个适合草缸养殖的种。茎比较硬，尤其是水上部分会出现木质化现象。叶呈披针形，长 3～6cm，宽 1.5～3cm，叶色为明亮的绿色。茎上方等光线较强的部分，叶片略带粉色，平行脉的白色可形成漂亮的点缀。草缸养殖时必须保证强光照射，添加 CO₂，并将 pH 值控制在较低的范围。生长速度不是很快，适合布置在中景，可长时间欣赏。适用于荷兰式水草造景。

齿叶草

Neobeckia aquatica (*Rorippa aquatica*)

十字花科 / 分布：美国
光量：▢　CO₂量：●　底床：▲▲

一种北美大陆上野生的小型湿生植物。主要生活在小河等水流缓慢的活水中。水中叶有的呈有锯齿的倒卵形，有的由几片小叶构成羽状复叶，其中小叶上也有很多明显的尖锐锯齿。独特的形态极具魅力。与同产于北美地区的扯根草、红雨伞、赤焰灯心草等组合在一起，可以令造景风格保持统一。添加 CO₂，长势会更好。

光蓼

Persicaria glabra (*Polygonum glabrum*)

蓼科 / 别名：红辣蓼
分布：中国、日本、中南半岛、泰国、印度
光量：▢▢　CO₂量：●●　底床：▲

一种蓼属（*Persicaria*）的水草。特点是托叶鞘的边缘无毛。"光蓼"和"红辣蓼"这两个名字清晰地反映出本种的特征。开粉花或白花。旧学名为 "*Polygonum glabrum*"，目前市面上仍有以旧学名流通的情况。在草缸中养殖比较困难，但经驯化后还是可以培育成水中草，之后就比较容易养殖了。养殖条件与红水蓼基本相同。

细叶雀翘

Persicaria praetermissa 'Ruby'
(*Persicaria praetermissa, Polygonum praetermissum*)

蓼科 / 别名：疏蓼
分布：中国、日本、朝鲜、喜马拉雅地区
光量：□□ **CO$_2$量：**●● **底床：**▲

茎倒伏后向斜上方生长。一边分枝一边扩张。适合置于中景靠前的位置，与其他水草混栽在一起，效果也很好。这是一种与其他水草组合起来更能突出个性的水草。本种由德国的水草养殖场进口，商品名为"Ruby"。其实野生的细叶雀翘中也有很多水中叶颜色发红的，不过野生种的养殖难度比较大。

阔叶蓼

Persicaria sp. 'Broad Leaf'

蓼科 / 分布：不详
光量：□ **CO$_2$量：**● **底床：**▲▲

从印度水草养殖场进口的蓼科水草。比红水蓼的叶幅更宽，叶长更短。叶片粉色中略带一丝紫色，色彩十分素雅。养殖条件与红水蓼基本相同，不过需要很长时间才能适应草缸环境。一旦适应环境后，生长速度不会太慢，稍不注意就会形成水上叶。寥寥数根也能引人注目，很适合用作焦点。

红水蓼

Polygonum sp. 'Kawagoeanum' (*Persicaria tenella*)

蓼科 / 别名：紫艳水蓼
分布：东亚至南亚
光量：□ **CO$_2$量：**● **底床：**▲▲

蓼科水草大多生长在水边，极少能见到沉水姿态，而红水蓼是蓼科中最适合草缸养殖的种类之一。茎不断分枝，同时向斜上方生长。叶长6～8cm，宽1cm左右，叶片边缘呈缓缓的波浪状起伏，最大的特点在于叶片上的粉红色。强光照射、添加CO$_2$、补充铁肥等都有利于叶片发色。与聚花草、水竹叶等鸭跖草科水草搭配起来效果卓群。

圣保罗水蓼

Persicaria sp. 'Sao Paulo' (*Polygonum* sp.'Sao Paulo')

蓼科 / 别名：紫艳蓼、紫艳柳
分布：巴西
光量：□□ **CO$_2$量：**●● **底床：**▲

人气水草，艳粉色的水中叶极具特色。叶呈狭披针形，长5～6cm，宽1～1.5cm。叶片边缘不像红水蓼那样呈波浪状。若想使叶色更为浓郁，必须保证强光照射，添加适量的CO$_2$，控制低pH值并注意施肥。是用来点缀中后景的经典水草。目前红色系的漂亮水草越来越多，可将它们混合在一起进行造景。由于圣保罗水蓼的特点十分鲜明，很难被其他水草抢去风头。

亚历克斯血心兰

Alternanthera reineckii 'Alex'

苋科 / 别名：斑纹血心兰
改良品种
光量：☐ CO₂量：● 底床：▲▲

血心兰的斑纹品种。叶脉上布满白色至粉色的斑纹，与红色的叶片形成鲜明对比。通常，血心兰叶片背面的颜色更艳丽，而本品种叶片表面的观赏价值也极高，十分罕见。可配置在较低的位置上俯视，最适合用作中景的点缀。养殖条件与血心兰基本相同，强光照射下，斑叶的效果会更鲜明。

迷你血心兰

Alternanthera reineckii 'Mini'
(*Alternanthera* 'Roseafolia Mini')

苋科 / 改良品种
光量：☐ CO₂量：● 底床：▲▲

血心兰的矮性品种。节间较短，生长速度缓慢，横向扩展，很容易成丛。从植株大小来看，最适合用来点缀中前景。能在这一位置上担当此任的红色系水草并不多，因此显得格外珍贵。叶片变浓密后，下方叶片容易枯萎腐烂，为了防止腐烂蔓延，最好提早用管子将枯叶吸出。

绿血心兰

Alternanthera reineckii 'Ocipus' (*Alternanthera ocipus*)

苋科 / 分布：南美洲
光量：☐ CO₂量：● 底床：▲▲

比血心兰体型更小、叶片更宽。叶片呈披针形。水上叶为明亮的绿色，水中叶则为素雅的红色。包括本种在内，所有的血心兰品种都耐修剪，可通过重复修剪，轻松维持住中景景观。比起单独使用，与其他水草搭配在一起更能突出个性，既可出色地衬托出周围水草的特点，又能营造出一种素雅的氛围。

帕鹿雪花

Hottonia palustris

报春花科 / 分布：欧洲、北亚
光量：☐☐ CO₂量：●● 底床：▲▲

报春花科的水草，风格独特。叶片羽状全裂，叶长 3 ~ 6cm，宽 1 ~ 3cm，叶色为明亮的绿色。喜低温，最怕运输过程中的热气，因此，在冬季比较常见。一旦适应草缸的环境后，只要不遇到极端高温的天气，通常不会出现问题。如果还是担心温度过高，可在夏季增加换水频率，及时添加 CO₂。适用于中前景。

黄金钱草

Lysimachia nummularia 'Aurea'

报春花科 / 分布：中欧
光量：□ **CO₂量：**● **底床：**▲▲

非常皮实，如果湿度适宜，甚至可以种在花坛中。是园艺店里常见的地被植物。包括水草在内，市场上流通的黄金钱草几乎均为黄金叶品种，很少见到普通的绿叶种。茎向斜上方生长，叶片为圆形至接近椭圆的形状，长1～2cm。引入草缸后，需进行一段时间的调整来适应环境，一旦适应后，就会展现出天生的旺盛生命力。

水茴草

Samolus valerandi

报春花科 / 分布：广泛分布于世界各地
光量：□ **CO₂量：**● **底床：**▲▲

在海岸附近的湿地上经常能见到，有时会在水中形成群落。根生叶具有长长的叶柄，顶端是椭圆形叶片。从上面看形似玫瑰，因此在日语中被称作"水玫瑰"。很早以前就被引入日本。养殖的关键在于保持强光。需当心贝类啃食。丛生状态十分优美，可用作小型草缸的焦点造型。

扯根草

Penthorum sedoides

扯根菜科 / 别名：北美扯根菜
分布：美国、加拿大
光量：□□ **CO₂量：**●● **底床：**▲▲

与广泛分布于东亚一带的扯根菜（*Penthorum chinense*）同属，外形也十分相似。水中叶呈披针形，带有明显的锯齿。叶色为明亮的绿色。在原生地也经常生活在水中，比起难以在水中生活的扯根菜，更适合在草缸中养殖。只需保证强光照射并添加CO₂，养殖难度很低。生长速度缓慢，适用于中景。推荐与大红叶搭配。

粉红头

Diodia cf. *kuntzei*

茜草科 / 分布：巴西
光量：□□ **CO₂量：**●● **底床：**▲

叶片较硬，长椭圆形，绿色。水下姿态不会发生太大变化，不过，用心栽培，叶片会变成深粉红色。保证强光照射并添加CO₂是发色的关键。喜弱酸性水质及肥沃土壤，底床材料最好选用水草泥，应注意施肥。生长速度缓慢，适用于中景。为了防止对生态系统造成破坏，千万不要将它释放到室外。

赛门耳草

Oldenlandia salzmannii (Hedyotis salzmannii)

茜草科 ∕ 别名：耳草、巴西脆草 ∕ 分布：南美洲
光量：□　CO₂ 量：●　底床：▲

很容易在节的部分分离脱落，因此也被称作"巴西脆草"。脱落
的部分随水流漂到别处后又会重新扎根，在草缸中也能观察到
这一现象。赛门耳草这种有趣的习性，主要是为了扩散分布领
域，是植物的一种生存策略。水中叶呈披针形，长 6 ~ 10mm。
宽 2 ~ 5mm，叶色为明亮的绿色。喜弱酸性水质，添加 CO₂，
生长会更好。易分枝，生长速度快，适用于中后景。

巴西虎耳

Bacopa australis

车前科 ∕ 分布：巴西、阿根廷
光量：□　CO₂ 量：●　底床：▲ ▲

叶片柔软明亮，给人一种十分柔和的感觉。原产于南美洲，由于
原生地的河流多为石灰质，因此底床也可使用大矶砂。在南美
产的假马齿苋属（*Bacopa*）水草中，属于养殖难度极低的。在
明亮的环境下会匍匐生长，可在中前景区域形成茂密的一大片。
与趴地矮珍珠搭配，能形成非常明亮的景观。添加液肥，生长
会更好。阴暗的环境下，下方叶片容易脱落。

虎耳 🔖

Bacopa caroliniana

车前科 ∕ 别名：卡罗来纳假马齿苋、巴戈草
分布：北美洲、中美洲
光量：□　CO₂ 量：●　底床：▲ ▲

叶呈卵形至宽卵形不等，长 2 ~ 3cm，宽 8 ~ 20mm，水上叶
为鲜艳的绿色，水中叶则会根据光量及磷酸盐含量等条件的不
同而变化，由明亮的绿色至棕绿色不等。非常皮实，养殖历史悠
久，是深受喜爱的入门级水草。无需添加 CO₂ 也能生长，但配
合强光并添加适量的 CO₂ 后，长势会更好。可与任意水草搭配
在一起，使用方便。

锯齿对叶

Bacopa madagascariensis

车前科 ∕ 别名：马岛假马齿苋
分布：马达加斯加
光量：□　CO₂ 量：●　底床：▲ ▲

外形很像大号的小对叶，特点是叶片边缘有很多锯齿。水中
叶的锯齿不是十分明显，但叶幅较宽，体型较大，比较容易区
分。叶片不像小对叶那样富有光泽。叶呈偏窄的卵形，叶长 1 ~
3cm，宽 0.5 ~ 1.3cm。叶色由亮绿色至黄绿色不等，水中叶的
颜色不会发生变化。只要保证强光照射并添加 CO₂，非常容易
养殖。生长速度缓慢，适用于中景。

小对叶 🏵

Bacopa monnieri

车前科 / 别名：假马齿苋、对叶
分布：非洲、亚洲、澳大利亚、美国
光量：☐　CO$_2$量：●　底床：▲▲

叶呈较窄的矩形，叶尖偏圆。以前市场上流通的产品叶片边缘
大多非常光滑，而现在的产品几乎全都带有锯齿。叶长 10 ～
25mm，宽 3 ～ 10mm，叶片的绿色由明至暗，变化丰富。与虎
耳一样，非常皮实，一直深受水草爱好者的喜爱。基本的养殖
条件及培养出漂亮植株的要点均与虎耳基本相同。现在偶尔也
能见到一些以前的产品在市场上流通。

紧凑型对叶

Bacopa monnieri 'Compacta'

车前科 / 别名：紧凑小对叶
改良品种
光量：☐☐　CO$_2$量：●●　底床：▲▲

比普通的小对叶株型更紧凑，强光下会匍匐生长。通过不断修
剪可以使植株高度一直维持在较矮的状态。基本上比较容易养
殖，但若想养得更漂亮，应使用水草泥，保证强光照射并添加适
量的 CO_2。与小型的有茎草或前景草搭配起来效果卓群。最适
合用作前景与中景的过渡。浅绿色的叶片很适合明亮的造景。

豹纹对叶

Bacopa monnieri 'Variegata'

车前科 / 改良品种
光量：☐☐　CO$_2$量：●●　底床：▲▲

以前市场上曾流通过一阵带大理石斑纹的对叶，而豹纹对叶上
的斑纹则与此不同，它的叶片上整体覆满细小的斑点，如同纷纷
落下的白雪。草缸养殖难度较大，必须始终维持良好的养殖环
境。即使一直保持强光，斑纹也很容易消失。相反，水上部分非
常容易养殖，斑纹也不会消失。适合户外养殖，但为了防止生态
系统遭到破坏，一定不要把它释放到自然环境中。

新疆水八角

Gratiola officinalis

车前科 / 分布：中国新疆、欧洲
光量：☐☐　CO$_2$量：●●　底床：▲

水中叶长 1.5cm，宽 5mm。强光下，绿叶会发红。在欧洲，自
中世纪开始就一直被当作药用香草，不过由于毒性较强，现在
已很少药用。花姿优美，如今已成为水景园中常见的湿生观赏植
物。草缸中养殖时，在使用水草泥、保证强光照射并添加 CO_2
的条件下，很容易养殖。生长速度不快，可用于中景。温柔的色
调很有魅力。

秘鲁水八角

Gratiola peruviana

车前科 / 分布：南美洲、澳大利亚
光量：□□　CO₂量：●●　底床：▲

卵形叶片上有很多小锯齿，无叶柄，抱茎。叶长 1.5 ~ 4.5cm，宽 6 ~ 27mm。在草缸内锯齿变得不太明显，叶片也变得比较小，大约长 1.5cm，宽 8mm。叶色为明亮的绿色，外形酷似小型的虎耳。粉色的花朵观赏价值极高，是十分优美的水边植物。草缸养殖的难度较大，必须保证强光照射并添加 CO₂。生长速度缓慢，适用于中景。

黏毛水八角

Gratiola viscidula

车前科 / 分布：美国东部
光量：□□　CO₂量：●●　底床：▲

水上草的叶呈矩状卵形至卵形不等，长 2cm，有锯齿，无叶柄，略有抱茎，植株上有黏性的腺状柔毛。在草缸内养殖时，植株会小型化，株型减小一半左右。叶尖变得尖锐纤细，类似狭披针形，锯齿变得不明显或完全消失，腺状柔毛消失。整体氛围变得与水上草完全不同。因为体型较小，易分枝，生长速度也不快，所以最适合置于前景的后部，长高后也别有一番趣味。必须保证强光照射并添加 CO₂。

几内亚矮宝塔

Limnophila sp. 'Guinea Dwarf'

车前科 / 别名：几内亚矮石龙尾
分布：几内亚
光量：□　CO₂量：●　底床：▲▲

比同产于几内亚的毛花石龙尾体型更小、裂片更宽，丰满而富有弹性的形态仿佛小型的多肉植物，十分可爱。对环境要求较高，养殖难度较大。栽培的要点在于一定要等到茎充分生长起来以后再重植，要让匍匐茎自由生长一段时间。子株也要等到充分成长以后再重植。几内亚矮宝塔有一股独特的魅力，非常适合用于中景。

越南三角叶

Limnophila helferi

车前科 / 别名：越南玄参
分布：越南
光量：□□　CO₂量：●●　底床：▲

水中叶为线形，长 1 ~ 1.5cm，宽 2 ~ 3mm，有小锯齿，轮生。叶色为淡绿色，看上去十分清爽。强光下可能会带有一丝红色。近年来的研究已确定它属于石龙尾属（*Limnophila*）的一种。在新的分类体系中已将其划为车前科，但目前仍有很多地方把它当做越南产的玄参科水草，并沿用旧名来称呼它。

三角叶

Limnophila aromatica

车前科 / **别名：紫苏草**
分布：中国、日本、印度、澳大利亚等
光量：□□　**CO₂量：**●●　**底床：**▲

狭披针形的水中叶既有对生的，也有3叶轮生的，长2～6cm，宽1～2.5cm。叶色从明亮的绿色到棕绿色不等，还有很多叶片会发红。喜弱酸性水质，需保证强光照射并添加CO₂。别名紫苏草，是因为它会发出类似紫苏的香气。同样，学名里的"aromatica"一词，也是芳香的意思。流通历史悠久。寥寥数根也有很强的存在感，非常适合用作中后景的点缀。

大三角叶

Limnophila hippuridoides

车前科 / **分布：马来西亚**
光量：□　**CO₂量：**●　**底床：**▲▲

水中叶呈宽线形，6～8叶轮生。叶长3～6cm，宽3～4mm。叶色由红色至紫红色，在好的生长环境下，颜色会更浓郁。紫红色的叶片直径能达到10cm左右，用于点缀，十分醒目。底床应使用新型水草泥，保证强光照射、水流清洁。无需添加CO₂也能生长，不过在刚引入草缸或希望叶色更浓郁时，最好添加一些CO₂。喜弱酸性水质。如果生长环境为中性，需添加液肥。

珍珠草

Micranthemum glomeratum (Hemianthus glomeratus)

母草科 / **分布：北美洲**
光量：□　**CO₂量：**●　**底床：**▲▲

人气极高的一种水草，绿色的小叶片极具透明感。叶呈披针形至椭圆形不等，长3～9mm，宽2～4mm。丛生的珍珠草是造景界的经典款，魅力十足。以前学名为"*Hemianthus micranthemoides*"，现已证明这是另一种水草，目前可能已经灭绝。据说本种是美国佛罗里达州的特有种。底床可使用水草泥，但注意酸性不要太强。

爬地珍珠草

Micranthemum sp. (*Hemianthus* sp.)

母草科 / **别名：新大珍珠草**
突变种
光量：□　**CO₂量：**●　**底床：**▲▲

珍珠草的叶片为3～4叶轮生，而爬地珍珠草的叶片则是对生。匍匐性很强，比珍珠草更适用于前景。与珍珠草一样，光线不足时会向上生长。若想用于前景，一定要保证强光照射。此外，添加适量的CO₂，会令整体形态变得更美。光合作用时，叶片上会出现很多气泡，丛生状态非常优美，能吸引住所有人的目光。

大叶珍珠草

Micranthemum umbrosum

母草科 / 分布：北美洲
光量：□　CO₂量：●　底床：▲

4 ~ 7mm 的圆形叶，对生。茎直立或向斜上方生长。强光下会葡萄生长，但很快就会改为向上伸展。叶色为明亮的黄绿色，十分鲜艳，即使在草缸内色彩也十分醒目，人气极高。喜弱酸性水质，比起大矾砂来，底床材料更适合选用水草泥。如果光线强度不够，茎的下方容易打蔫，并漂浮到水面上，一定要保持强光照射并添加 CO₂。丛生姿态非常优美。

瓜子草

Lindernia rotundifolia

母草科 / 别名：圆叶母草
分布：南亚、马达加斯加、非洲
光量：□　CO₂量：●　底床：▲▲

卵形叶片，长 0.7 ~ 1.2cm，宽 0.5 ~ 0.8cm。外形仿佛大号的大叶珍珠草，纵向生长。适用于中后景。基本上比较皮实，只需添加少量 CO₂。如果 CO₂ 过量，容易出现徒长。图中水草为带斑纹的品种。与菊草一样，目前市场上流通的品种几乎全都带有斑纹，普通品种已很难见到。

心叶水薄荷

Clinopodium brownei

唇形科 / 别名：伏生风轮菜、薄荷草
分布：北美洲、南美洲
光量：□　CO₂量：●　底床：▲▲

茎很细，方形。叶有长柄，叶片呈宽卵形，长 1 ~ 1.5cm，宽 1cm 左右。叶片边缘呈波浪状，水中叶的波浪形更明显。叶色为绿色。整体散发着一股独特的芳香。水下部分的节会伸长，长出根。白色的根极富野趣，是造景中很好的点缀。对水质要求不高，应添加 CO₂。叶色变浅时注意添加液肥。与珍珠草、水丁香等搭配起来，效果卓群。

五彩薄荷

Hyptis lorentziana

唇形科 / 别名：彩叶薄荷 / 分布：南美洲
光量：□□　CO₂量：●●　底床：▲

茎很细，方形，直立伸展。叶对生。叶柄长 1 ~ 1.5cm。叶片呈卵形，长 2 ~ 3.5cm，宽 1 ~ 1.8cm。叶片边缘呈缓缓的波浪状。最大的特点在于紫色的叶片。保证强光照射、添加 CO₂ 并及时补充综合营养成分，可令叶片发色更美。适合与绿色水草搭配，彼此映衬，十分优美。图片中的五彩薄荷产于潘塔纳尔湿地。此外，还有产于玛瑙斯的种，叶片为细长的三角形。

印度大松尾

Pogostemon erectus

唇形科 / 别名：直立刺蕊草 / 分布：印度
光量：☐☐ **CO₂量：**●● **底床：**▲

叶片 10 片以上轮生，节距较短，形态端正。线形叶片呈明亮的绿色，姿态优美。花色为藤色。底床如果选用水草泥并添加CO₂，就很容易养殖。很少由于水质变化导致顶芽蜷缩。保证强光照射并重复修剪，可令株型保持紧凑，从而形成一片密集生长的草丛。也可置于后景，不过在中景中更能发挥它的价值。

喷泉太阳

Pogostemon helferi

唇形科 / 分布：泰国、缅甸
光量：☐☐ **CO₂量：**●● **底床：**▲▲

叶呈狭椭圆形，长 4cm，宽 8mm 左右，叶片边缘呈剧烈的波浪状起伏，3～5 叶轮生。主要生活在急流中，如河流的石灰岩之间。因此，在草缸中也可作为附着性水草使用。比起沉木来，更适合附着在石头上。底床应选用水草泥，勤换水，始终保持新鲜的水流。此外，充足的 CO₂、强光与铁肥供给也十分重要。与喜欢同样环境的玛瑙斯谷精太阳搭配起来，效果很不错。

百叶草

Pogostemon stellatus

唇形科 / 别名：水虎尾
分布：东亚、东南亚、南亚、澳大利亚
光量：☐☐ **CO₂量：**●● **底床：**▲

叶长 4～9cm，宽 3～6mm，水上叶 3～6 叶轮生，水中叶3～14 叶轮生。颜值极高，在造景界的地位毋庸置疑。养殖难度极高，不过养殖成功后水草形态十分优美，成就感也格外不同。对环境要求比较苛刻，必须始终保持同样的条件。由于受到市面上容易养殖的同属的其他种的挤压，能见到百叶草的机会越来越少，令人感到十分遗憾。如果您对自己的养殖技术比较自信，请一定尝试挑战一下。

日本青百叶

Pogostemon yatabeanus

唇形科 / 别名：水蜡烛
分布：中国东北地区、日本、朝鲜半岛
光量：☐ **CO₂量：**● **底床：**▲▲

叶长 3～8cm，宽 5mm 左右，叶色为明亮的绿色。与百叶草不同，日本青百叶依靠葡匐茎的爬行繁殖。在同属水草中，属于养殖难度较低的，只要环境不发生太大变化，极少出现叶片蜷缩。虽然外形不够华丽，但有一股质朴的风情，这也是本种的魅力所在。与绿色水草搭配起来效果卓群。造景时，与钝脊眼子菜、水竹叶、飘逸大莎草等组合起来，可以营造出一种和式风情。

紫花假龙头草

Physosegia purpurea

唇形科
分布：北美洲
光量：☐ **CO₂量：**● **底床：**▲▲

水中叶能长到 10cm 左右，叶片由披针形至倒披针形不等，叶柄较长。比较耐寒，水钵养殖时，可保持水中叶状态越冬。即使水面结冰，水中叶仍可保持翠绿，极耐低温。入夏后，叶片完全挺出水面，与冬季形态截然不同。喜强光及丰富的营养成分。可在不使用加热器的草缸中进行冬季限定栽培。

矮柳

Hygrophila corymbosa 'Compact'

爵床科 / 别名：矮生大柳 / 改良品种
光量：☐ **CO₂量：**● **底床：**▲▲

大柳的矮生改良品种。特征是节距极短。叶片较小，长 5cm，宽 3cm 左右。生长速度缓慢，株型小巧。与大柳一样，对水质要求不高，但必须添加 CO₂。多用于中景的前部或置于沉木、石头之前，可令造景氛围更柔和。体型小巧，也可用作小型草缸的主景。

水罗兰

Hygrophila difformis

爵床科 / 别名：异叶水蓑衣
分布：印度、缅甸、泰国、马来半岛
光量：☐ **CO₂量：**● **底床：**▲▲

有些水草在不同环境下，叶片形状会发生变化，而水罗兰的异形叶性尤其显著。水上叶呈卵形，带有锯齿，水中叶则由浅裂至深裂不等，叶片上有很多不规律的缺刻。水中叶长 10cm，宽 5cm 左右。对照明与 CO₂ 的要求不是很高，环境适应能力强，能适应多种水质。非常适合初学者，形态优美，是造景中不可或缺的元素之一。

豹纹水罗兰

Hygrophila difformis 'Variegata'

爵床科 / 改良品种
光量：☐ **CO₂量：**● **底床：**▲▲

水罗兰的斑叶改良品种，叶脉为白色，水上叶尤其明显。水中叶的斑纹不太突出，但保证强光照射并添加 CO₂ 后，茎上部可见到斑纹。养殖条件与水罗兰基本相同，非常皮实。除本品种外，水罗兰还有一种斑叶品种，叫做"大理石水罗兰"，学名为 *Hygrophila difformis* 'Marble'，斑纹图案类似大理石。两个品种的斑纹都很优美，最好放在光线良好的位置欣赏。

几内亚水罗兰

Hygrophila odora

爵床科 / 别名：几内亚柳
分布：西非
光量：☐☐ **CO₂量：**●● **底床：**▲

水中叶为细长的椭圆形，羽状深裂，长7~10cm，宽1~1.5cm。叶色为鲜绿色，酷似水罗兰。喜弱酸性水质，底床应使用水草泥。必须保证强光照射并添加CO_2。除添加微量营养素外，还应注意添加综合性营养成分。几内亚水罗兰外形独特，很容易令人联想到鱼骨。丛生状态下可制作出极富个性的空间。

青叶草

Hygrophila polysperma

爵床科 / 别名：柳叶草、小狮子草、多子水蓑衣
分布：印度、斯里兰卡、缅甸、泰国等地
光量：☐ **CO₂量：**● **底床：**▲▲

底床既可使用水草泥，也可使用大矶砂，无需强光与肥料，极易养殖，非常适合初学者。添加CO_2后，长势极快，容易发生徒长，外形会变得很难看。此外，强光及高营养的环境下，叶色会带棕色，从而失去鲜绿色的特点。因此，若想真正欣赏青叶草之美，应弃用一切水草专用设备。无需与其他水草搭配，丛生的青叶草本身就非常优美。

豹纹青叶

Hygrophila polysperma 'Rosanervig'

爵床科 / 改良品种
光量：☐ **CO₂量：**● **底床：**▲▲

青叶草的斑叶品种，诞生于佛罗里达的水草养殖场，外形非常美丽。自欧洲水草养殖场发布后，迅速得到普及。作为极易养殖的红色系水草，深受全世界水草爱好者的欢迎。不过，由于美国已禁止养殖青叶草，因此，该品种已无法在自己的诞生地栽培。保证强光照射，添加CO_2并注意施肥，有助于粉色的发色。

虎斑青叶

Hygrophila polysperma 'Tiger'

爵床科 / 别名：虎斑水蓑衣 / 分布：泰国
光量：☐ **CO₂量：**● **底床：**▲▲

原生地位于泰国北部，主要生长在贫营养化的清水里，如饮牛的洼地等，大多位于树荫下。草缸养殖时，控制住光量与肥料，可欣赏到绿色状态下的虎斑图案，而加大光量与肥量，叶片则带有棕色，褐色斑纹也会更浓郁，两种形态都很优美。添加CO_2后，也不会出现严重的徒长，适用于正式的造景，非常受欢迎。

水蓑衣

Hygrophila ringens

爵床科 / 分布：中国、日本、东南亚
光量：□□　CO$_2$量：●●　底床：▲

叶形多样，有狭椭圆形、披针形或线形等，长 4 ~ 12cm，宽
0.5 ~ 2.2cm。草缸养殖时长 7cm，宽 0.7cm 左右。保证强光
照射并添加 CO$_2$，效果会更好。虽然生长速度缓慢，但养殖难
度并不大。灰绿色的叶片有时会带有一丝紫色，色彩虽不醒目，
却有一种素雅之美。与其他水草搭配在一起，比单独使用更能
体现出存在感。

细叶水罗兰

Hygrophila balsamica

爵床科 / 分布：印度、斯里兰卡
光量：□　CO$_2$量：●　底床：▲▲

1980 年代开始在印度市场上流通，作为一种有毒的水草，在日
本也曾掀起热议，一度成为水族发烧友梦寐以求的宝贝。不过
现在已非常普及，很容易入手。揉搓水上部分的茎叶，会分泌
出一种有香味的黏液。据说，这种黏液会危害鱼类。而水中叶已
实现了无害化，不会对鱼类造成任何影响。水中叶长 10cm，宽
7cm，呈细细的梳齿状，形态十分罕见。

匙叶叉柱花

Staurogyne spathulata

爵床科 / 分布：印度、马来西亚
光量：□□　CO$_2$量：●●　底床：▲

叶片由匙形至矩形不等，互生，长 2 ~ 6cm，宽 1 ~ 1.8cm，灰绿
色。外形酷似金伯利水蓑衣 *Staurogyne leptocaulis*（也有说法
认为二者属于同义词）。对环境要求不高，很好养殖。草缸中必须
添加 CO$_2$，底床可选用大矾砂，但使用水草泥更为保险。生长速
度缓慢，适用于中前景。可阶梯状种植，适用于荷兰式水草造景。

半边莲

Lobelia chinensis

桔梗科 / 分布：中国、日本、东南亚
光量：□□　CO$_2$量：●●　底床：▲

小型的挺水 ~ 湿生植物，多生长在水田周围。长势旺盛，能像席
子一样覆盖住整片池畔，因此在日本也被称作"盖畔席"。在水
田或水库中，常常会出现沉水姿态。草缸养殖时，体型会变小，
但狭披针形的叶片在互生过程中会缓缓向斜上方生长。底床最
好使用水草泥，保证强光照射并添加 CO$_2$。叶片带有紫红色，
混杂在前景中十分优美。

罗贝利

Lobelia cardinalis

桔梗科 / 别名：红花山梗菜 / 分布：北美洲
光量：□　CO$_2$量：●　底床：▲ ▲

罗贝利又被称为"街道草"，以斜坡种植时的丛生之美闻名，生长速度比较容易控制，适用于制作连接前景与中景的缓坡。在进行荷兰式水草造景时至关重要。可以说，只要有罗贝利，就一定会成为荷兰式水草造景的重点。水中叶由矩形至倒卵形不等。紧密种植可防止株型过大，控制肥量，就能长出平时常见的圆形小叶。

波浪罗贝利

Lobelia cardinalis 'Wavy'

桔梗科 / 改良品种
光量：□　CO$_2$量：●　底床：▲ ▲

叶片边缘呈波浪状起伏，故名"波浪罗贝利"。罗贝利还有很多其他的小型品种，如小罗贝利、迷你罗贝利等。此外还有一些花色不同的园艺品种。水上叶高达 1m 以上。花色鲜艳，花苞数量众多，观赏价值极高，因此改良品种也越来越多。波浪罗贝利不仅可在草缸中养殖，也可种在庭院里，但环境不能过于干燥。此外在水钵中养殖时还能呈现挺水姿态，观赏方法多种多样。

香蕉草

Nymphoides aquatica

睡菜科 / 别名：花镜盖
分布：北美洲东南部（日本有归化种）
光量：□　CO$_2$量：●　底床：▲ ▲

繁殖芽比较肥大，形状酷似一把香蕉，独特的形态深受人们喜爱，是一款很常见的水草。在水中可以长出几片叶片，但很快就会伸出浮叶。若想欣赏香蕉草，可先在水钵中养殖，然后将夏秋之际形成的繁殖芽取出一部分，放进草缸中观赏。如今，世界各地均出现了关于香蕉草归化问题的报告。为了防止进一步扩散，一定不要将它释放到室外。

大香菇草

Nymphoides hydrophylla

睡菜科 / 别名：刺种荇菜
分布：中国、日本、朝鲜半岛、东南亚、印度
光量：□　CO$_2$量：●　底床：▲ ▲

与香蕉草同属，很少长出浮叶，比较适合草缸养殖。20 世纪 90 年代由中国台湾省进口到印度，并开始在市场上流通。柔嫩的圆心形叶片展开，叶色为明亮的绿色。形态独特，非常适合用作点缀。叶宽 10cm，叶柄长 10 ~ 13cm。添加足量的 CO$_2$ 后，叶片进行光合作用时，十分美丽。丛生状态下用作造景中的主景。

沼菊草

Acmella repens

菊科 / 别名：匍匐金纽扣
分布：美国南部、中美洲、南美洲
光量：☐ CO₂量：● 底床：▲ ▲

菊科的水生植物，可在草缸中养殖。卵形叶片上有不太明显的锯齿，叶长 2 ~ 4cm，宽 1 ~ 3.5cm。在水中生活时，体型会变小。基本上比较皮实，底床可选用大矶砂，无需添加 CO₂ 也能生长。不过，使用水草泥并添加 CO₂ 后，水草形态会更美。强光下，茎上方叶片的叶柄与主脉的根部会发红，在造景中是很好的点缀。应注意防止贝类啃食。

香香草

Hydrocotyle leucocephala

五加科 / 分布：墨西哥南部至阿根廷北部
光量：☐ CO₂量：● 底床：▲ ▲

叶片圆形至肾形，基部有较深的缺刻，叶片边缘呈波浪状，有浅浅的缺刻。叶互生，茎大多向斜上方生长，适合置于后景的两端。只需与沉木搭配在一起，就能令造景充满自然气息，可以很轻松地再现亚马孙的水下风景。对照明与 CO₂ 的要求都不高，能适应各种不同的环境，非常适合初学者。

天胡荽

Hydrocotyle sibthorpioides

五加科 / 分布：中国、日本、东南亚
光量：☐☐ CO₂量：● ● 底床：▲

小型水草，叶片直径为 0.5 ~ 2cm。从很久以前就开始在市场上流通，不过令人遗憾的是，近年来，随着三裂天胡荽、迷你三裂天胡荽等既容易养殖又方便控制高度的品种不断问世，能见到本种的机会越来越少。天胡荽即使在强光下，也很容易向上生长，叶片上的缺刻极为明显，富有野趣。造景时，可以利用这些特点，营造出和式风格。

卡罗草皮

Lilaeopsis carolinensis

伞形科 / 别名：卡罗来纳眼镜蛇草
分布：美国南部、南美洲南部
光量：☐☐ CO₂量：● ● 底床：▲

叶长 4 ~ 20cm，宽 3 ~ 4mm。是前景草南美草皮（*Lilaeopsis brasiliensis*）的大型变种，体型约为它的一倍。叶尖较宽，略有弯曲。地下茎爬行生长，不断分枝繁殖。养殖条件与南美草皮基本相同，不过本种养殖难度更低。草缸养殖时，体型会变小，但整体来讲，比起前景，更适用于中景。置于较低的石块组合后方，效果也不错。

澳洲草皮
Lilaeopsis polyantha

伞形科 / 别名：澳大利亚眼镜蛇草
分布：澳大利亚
光量：▢▢　**CO₂量：**●●　**底床：**▲

叶片呈较细的线形，横截面呈圆形或椭圆形，长1~35cm，宽0.5~5mm。叶色为黄绿色。在草缸中养殖时，体型不会太大。广泛分布于澳大利亚南部。叶片又长又窄，与南美长叶草皮相比，感觉更纤细。养殖条件与南美草皮基本相同。在原生地，多长在树荫下，因此在草缸中也很容易养殖。不过，若想养得更美，必须保证强光照射。

大叶水芹
Ceratopteris cornuta

凤尾蕨科 / 别名：大叶水蕨
分布：非洲、中东地区、南亚、澳大利亚
光量：▢　**CO₂量：**●　**底床：**▲▲

水蕨属（*Ceratopteris*）水草的叶片通常分为两种类型，一种是我们平时比较熟悉的叶片，也叫营养叶，另一种是用于繁殖的孢子叶。本种的营养叶长7~27cm，孢子叶则长达47cm。可以以沉水、浮叶或者湿生等多种状态生长，一直是深受欢迎的鱼缸水草，尤其是孔雀鱼缸中不可缺少的经典水草，最适合鱼苗藏身其中。

水韭
Isoetes lacustris

水韭科
分布：欧洲、北美洲
光量：▢　**CO₂量：**●　**底床：**▲▲

茎的断面为2列，多叶丛生，绿色的叶片长达25cm。叶片中空，有浮力。种植时，应在外侧保留几片1cm左右的叶子，以起到锚的作用。此外，轻轻按压植株根部，也可防止水草漂浮。在彻底扎好根之前，应注意养护。水韭的质感十分特别，看上去很硬，但其实非常柔软。植株长大后，可进行分株。

青木蕨
Hymenasplenium obscurum

铁角蕨科 / 别名：绿秆膜叶铁角蕨、绿秆铁角蕨
分布：非洲、马达加斯加、亚洲热带地区
光量：▢　**CO₂量：**●　**底床：**▲▲

主要生长在潮湿阴暗的环境里，如林中溪流两旁的岩石上。生长在半水生环境中时，叶片上常常会溅到水，会变得微微透明。不过，草缸养殖时，会变成沉水姿态，茎部以上全都充满透明感。在同属水草中，最先被用作草缸观赏植物。具有一种现有的水生蕨类植物所不具备的特质，极具魅力。虽然生长速度缓慢，但养殖难度并不大。

积极引入新型水草

~完成属于自己的创意造景~

景观制作：
志藤范行（An aquaium）
摄影：石渡俊晴

草缸尺寸：长 60cm× 宽 30cm×
高 45cm

水草：豹纹水罗兰、圣塔伦小可
爱睡莲、几内亚矮宝塔、印度沟
繁缕、紫中柳、罗贝利、大叶绿
蝴蝶（*Rotala macrandra* 'Green
Large Leaf'）、长叶虎耳（*Bacopa
roraima*）、老挝水芹（*Ceratopteris
thalictroides* 'Laos'）、几内亚叶
底红、几内亚水罗兰、柬埔寨红
松尾、潘塔纳尔艾克草、柬埔寨
窄三角叶、巴西眼子菜、皱斑中柳
（*Hygrophila violacea*）、亚历克斯
血心兰、大叶珍珠草、尖叶红蝴蝶、
潘塔纳尔虎耳、红太阳、绿宫廷

上图草缸中养殖的多为近年来常被介绍到的水草，堪称了解这些水草如何进行造景应用的
完美教科书。

使用新型水草的意义

新加坡曾发起过一项水草推介活动，主要通过具体实例介绍如何将新型莫丝水草运用到造景之中，这项活动迅速蔓延到全世界各地，掀起一股热潮。如今，使用莫丝水草，已成为水草造景的一种新模式，并在不断发展、进化。

每当一种新型莫丝水草问世，就会随之诞生一种全新的造景形式，如：用火焰莫丝展现树木向上生长的姿态，或反过来用垂泪莫丝表现枝叶下垂的姿态，又或者用迷你珊瑚莫丝来表现长满苔藓的石头或沉木，等等。当然，这种发展目前仍在不断持续。如今，以亚洲造景圈为中心，幽

三花水蓑衣　*Hygrophila triflora*
一种印度产的水蓑衣属的新品水草。叶片羽状浅裂，略带红色。

红亚比椒草（泰国，组织培养株）*Cryptocoryne albida* 'Red'
从泰国水草养殖场进口的艳粉色变种。

景观制作 · 摄影:
高城邦之（市谷垂钓 · 水族用品中心）

草缸尺寸: 长90cm×宽45cm×高45cm
所用水草: 短莛谷精、虾子菜、聚花草、绶香、新疆水八角、秘鲁水八角、印度宝塔、丝叶石龙尾、水蓑衣、半边莲、绿松尾、墨西哥水松叶、弯距狸藻、大茨藻

"培植水箱"是了解水草特性的绝佳场所。只有亲手养殖，才能收获很多宝贵经验。

玄这一理念正在不断拓宽水草造景的概念。所谓幽玄，就是指用极少种类的水草构建一个简单而又富含深意的世界。

而反观日本水草造景的现状不难发现，大家似乎有些保守，造景时总想使用已有的、自己比较熟悉的水草。这样做既简单、又安全，刚好能迎合造景圈但求无过的风潮。不过，只有积极引入新型水草，才能迎来造景技术的革新。以往我们一直在不断尝试改变，今后也必须继续坚持改变，才能让水草造景实现持续发展。

那么，怎样才能在引入新型水草时不会遭遇失败呢? 我们必须在使用前充分了解水草的特性。有些意识超前的水草造景师，会在造景水箱外再准备一个"培植水箱"，用来养殖新型水草，以用作造景材料。他们会利用"培植水箱"进行实验，认真观察水草的形态、尺寸、生长速度、繁殖方法等，然后再将它们引入造景中。

我们可以将这种"培植水箱"进一步发展成一种新模式，即培植水箱中只使用新型水草进行造景，形成一种新的风格，一定会很有趣。目前，这种水箱在水族店里比较常见，主要是用来学习引入新型水草时要注意的问题。

水草造景也需温故知新

平时，只要多留意，就不难了解新型水草的发展动向。近年来，常常有"植物猎人"通过举办各种活动的方式来销售一些未知水草。或者，

在水族店里也可以轻松购进各种新型水草。大家可能还不太熟悉，其实水族店经常会从水草养殖场引进各种新型水草。此外，价格便宜的简装水草（日本称铅卷，根部用铅卷起来直接销售）中也常常会发现一些很有趣的进口水草，不要忽视它们。

为了挑选本书所要刊载的水草，我观察了大量近年来的造景作品，令我惊讶的是，很多水草现在已经很少使用。我很担心，照这个趋势下去，一些现在很常见的水草，很可能也会由于使用频率过低而被市场淘汰。即便是那些养殖历史悠久的水草，对于年轻人或是根本不了解它们的人来说，应该和新品也没什么区别。

不妨尝试挑战一下从未养过的水草吧。希望大家不要被既有观念所束缚，勇于创新，制作出具有自己特色的水草造景。

萍蓬草 *Nuphar shimadae*
水中叶椭圆形，薄而柔软，边缘波浪状。

后景草造景实例

景观制作：新田美月（H2） 摄影：石渡俊晴

运用多种后景草
创造出的绚丽景观

作品右侧色彩绚丽，弥补了水草数量不多的问题。另外各种色彩华丽的生物也起到了辅助作用，从中可以感受到创作者的综合能力。这个作品备受欢迎，为初学者提供了一个良好的示范。

2

数据

草缸尺寸：长60cm×宽30cm×高36cm
照明：ADA 水族灯（ADA Solar I 150W 金卤灯）、60cm 草缸专用白光 LED 灯（ZENSUI LED PLUS + STRONG WHITE60 14.5W），每日11小时照明
过滤：伊罕经典过滤器 2215（EHEIM classic 2215）
底床：ADA 拉普拉塔砂、园艺用彩砂、水草泥（ADVANCED SOIL）
CO₂：每秒3泡
添加剂：Dennerle 综合肥料（Nano Daily Fertilizer）、氮磷钾营养剂（NPK Booster）、复合维生素浓缩剂（S7 VitaMix），每2日添加1次，每次5滴。

换水：每周1次，每次1/2
水质：26℃
生物：孔雀鱼、红衣梦幻旗（史氏鲃脂鲤，Hyphessobrycon sweglesi）、黄缰背甲鲇（白缰小美腹鲇，Hisonotus leucofrenatus）、饰妆枝牙虾虎（Stiphodon ornatus）、大和藻虾、转色彩螺（Clithon retropictus）
水草：印度大松尾、锡兰小圆叶、红松尾、水罗兰、绿宫廷、爪哇莫丝、红狐尾藻（Myriophyllum tuberculatum）、绿蝴蝶、超红水丁香、红柳、虎耳、三裂天胡荽

利用带状水草强调纵线，有茎水草强调横线，不仅可以隐藏后部空间，还能令造景轮廓更为清晰。后景草的生长速度远比想象中更为重要，如果赶不上中景草的生长速度，辛苦种下的水草就会显得很不协调，一番辛苦可能就会白费，一定要多加注意。

有效运用了后景草的造景实例

　　使用大型草缸进行造景的好处就在于可以让后景草随心所欲地生长。不仅造型十分优美，更有一种扣人心弦的力量。这种造景方式实在令人难以割舍。

数据

草缸尺寸：长 180cm× 宽 80cm× 高 60cm	换水：每周 1 次，每次 1/2
照明：32W 荧光灯，每日 11 小时照明	生物：大神仙鱼（Pterophyllum scalare）、红鼻
过滤：伊罕过滤器 2260（EHEIM 2260）、伊罕过滤器	剪刀鱼（布氏非洲裙鱼，Hemigrammus bleheri）、
2222（EHEIM 2222）	小精灵鱼、黑线飞狐鱼、托氏变色丽鱼（非洲食蜗
底床：ADA 能量砂、ADA 亚马孙水草泥	牛鲷，Anomalochromis thomasi）、大和藻虾
CO_2：每秒 2 泡 ×2，每日 11 小时	水草：兔耳睡莲、铁皇冠、爪哇莫丝、小榕、细长
添加剂：换水时添加适量 ADA 有效复合酸（ECA）	水兰

观制作：中村晃司　摄影：石渡俊晴

景观制作：藤森佑（PAUPAU AQUA GARDEN）　摄影：石渡俊晴

利用后景草巧妙隐藏人工物品

　　图片中可能很难看出，在右侧后景草的后面，其实隐藏着水管。后景草的作用之一就是遮挡不想被人看到的人工物品，如加热器的电线等，该作品就是一个很好的示例。

数据

草缸尺寸：长 90cm× 宽 40cm× 高 50cm	生长促进剂（FERRO CELL）
照明：39W 荧光灯 ×3 盏，每日 8 小时照明	换水：每 2 周 1 次，每次 1/2
过滤：伊罕专业过滤器 3e2076（EHEIM Professionel 3e2076）	水质：未测量
底床：店铺自制粉末状水草泥、棕色水草砂（AQUA SAND	水温：26℃
BROWN）、天然川砂	生物：一眉道人鱼、锯齿新米虾、小精灵鱼
CO_2：每秒 2 泡	水草：大叶珍珠草、日本簧藻、矮珍珠、大莎草、
添加剂：将固体水草肥料、追肥用水草专用营养剂作为底床肥料。	绿宫廷、三裂天胡荽
每周适量添加 1 次促水草生长微量元素（FLORA CELL）、水草	

后景草图鉴

人们常说，看不到的地方更需要下功夫，在水草造景中，后景草的作用正是如此。有没有后景草，造景呈现出的整体效果会完全不同。近年来，为了配合前景草与中景草的效果，细叶和小叶的后景草越来越受欢迎。

水草种类 144 种：(268 ~ 411)/500 种

虎斑水兰

Vallisneria spiralis 'Tiger'

水鳖科
别名：豹纹水兰
分布：澳大利亚
光量：▢　CO$_2$量：●
底床：▲　▲

叶片上有细小的红褐色虎斑图案，故名"虎斑水兰"。新叶尤其优美，观赏价值极高。由于整体看上去偏黑、很紧凑，因此即使用于后景也不会感觉不清楚，还能把前面的水草衬托得很漂亮。苦草属（*Vallisneria*）水草整体上都很皮实，而本种尤其容易养殖，对初学者来说，也没有任何难度。另外，虎斑水兰的体型很难长到一般水兰那么大，比较适合精致的造景。

黄菊

Cabomba aquatica

莼菜科
别名：黄金鱼草、黄菊花草、黄花水盾草
分布：南美洲北部至中部
光量：□□　**CO$_2$量：**● ●
底床：▲

外形高大，同时又有一股婀娜之美，极具南美风情。叶片的大小是绿菊的两倍以上，叶色为黄绿色，特征明显。裂片很细，有一种滑溜溜的触感。开黄花。养殖时需保证强光照射并添加 CO_2，底床材料最好使用水草泥。喜弱酸性水质，添加降 pH 值调节剂效果会更好。淡雅的色彩特别适合装饰大面积的后景，因此，最好用于大型草缸。

绿菊 ▢

Cabomba caroliniana

莼菜科
别名：竹节水松、菊花草、水盾草、白花穗莼
分布：北美洲（欧洲、亚洲等地均有野生化现象）
光量：□　**CO$_2$量：**●　**底床：**▲ ▲

丝状叶片分枝后呈扇形展开，对生。整体呈簇生状态，绿叶白花。标准的水草外形。可作金鱼的副食，因而俗称"白花金鱼草"。耐寒性、耐阴性都很强，非常皮实，无论在室内、室外，都很容易养殖。近年来，用作鱼缸中产卵床的需求量也很高。目前，绿菊已在世界上很多地方出现了野生化，一定不要将它释放到室外。

银叶绿菊

Cabomba caroliniana 'Silver Green'

莼菜科
改良品种
光量：□　**CO$_2$量：**●　**底床：**▲ ▲

每个裂片都是弯曲的，背面的白色零星探出来，看上去仿佛闪着银光。诞生于已故的德国水草专家汉斯·巴尔特的水草养殖场中，属于绿菊的品种，因此养殖难度并不大，不过需保证强光照射。适合搭配绿色水草，最好是与冒气泡的鹿角苔或珍珠草搭配。不仅可用于后景，在中景中也能发挥重要作用。

红菊

Cabomba furcata

莼菜科 / 别名：红水盾草、红花穗莼
分布：中美洲至南美洲
光量：□□　**CO$_2$量：**●●　**底床：**▲

红色的叶片与紫红色的花朵足以吸引每个人的目光。野生的红菊布满整条河流，美景如梦似幻。体型大小与绿菊基本相同，不过由于是3叶轮生，叶片比绿菊更密集。叶色浓郁，极具魅力，但养殖起来会有一定难度。养殖条件与黄菊基本相同，不过需添加更多肥料。除搭配绿色水草外，还可与棕色的沉木搭配在一起，效果同样出色。

紫菊

Cabomba palaeformis

莼菜科 / 分布：中美洲
光量：□　**CO$_2$量：**●　**底床：**▲▲

叶对生，体型比绿菊小一圈。有红、绿两种类型，不过无论哪种类型，叶片都带有一些棕色。与同属其他水草相比，叶色略显黯淡，因此流通量很小。不过，它是同属水草中最易养殖的，喜硬度较高的水质，即使不添加CO$_2$也能茁壮成长。与产地相同、喜相同水质的花斑剑尾鱼（*Xiphophorus maculatus*）或孔雀鱼等搭配起来，景观效果会变得更好。

日本萍蓬草

Nuphar japonica

睡莲科 / 分布：日本、朝鲜半岛
光量：□　**CO$_2$量：**●　**底床：**▲▲

叶薄膜质，极具透明感的绿叶有一股独特的魅力。长20cm，宽10cm以上，存在感极强。白色的地下茎仿佛白骨，浮力很强，在扎好根之前需特别注意养护。容易缺肥，因此最好在底床中埋设根肥，定期施肥。适宜水温为23～26℃。外形优美，雅致脱俗，造景时可与任何素材搭配。

长叶萍蓬草

Nuphar japonicum var. *stenophyllum*

睡莲科 / 分布：日本、朝鲜半岛
光量：□　**CO$_2$量：**●　**底床：**▲▲

与日本萍蓬草相比，整体造型更细长，园艺价值极高，养殖历史悠久。细长的叶片多见于北日本地区，在西日本地区叶片则多呈较短的长卵形。由于植株纵向伸展，造景时不会影响其他水草。图片中的水草产于日本北海道。虽然来自北方，但在25℃的水温下也能正常生长。

红萍蓬草

Nuphar japonica f. *rubrotincta*

睡莲科
园艺品种
光量：□　CO$_2$量：●　底床：▲ ▲

日本萍蓬草的花为黄色，而本品种开花后，花色会越来越深，直至完全变红。多种植于户外水池等地。水中叶略带红色，草缸内也可欣赏到优美的姿态。叶片膜质，质感柔软，有一股其他红色系水草所不具备的魅力。养殖条件与日本萍蓬草基本相同。置于一片亮绿色的水草之间，可以更好地突出本品种鲜艳雅致的色彩。

大燕尾榕

Anubias gigantea

天南星科 ／ 别名：大叶水榕芋
分布：几内亚、塞拉利昂、利比里亚、科特迪瓦、多哥共和国
光量：□　CO$_2$量：●　底床：▲ ▲

矛状叶片，浅裂，有时接近三深裂。顶裂片由披针形至狭卵形不等。侧裂片长 9 ~ 28cm，宽 3 ~ 10cm。外观与燕尾榕相似，有很大的侧裂片，仿佛"耳朵"一样，属于大型"有耳"水榕。最高可达 83cm。根茎大约是燕尾榕的两倍粗，花茎也很长。此外，本种更适合水下栽培，可用来呈现野性十足的水草景观。

吉利榕

Anubias gilletii

天南星科
分布：尼日利亚、喀麦隆、加蓬、刚果（布）、刚果（金）
光量：□　CO$_2$量：●　底床：▲ ▲

新叶呈心形或耳形，随后逐渐变为箭形或戟形。顶裂片由狭矩形至矩形不等，长 30cm，宽 15cm。侧裂片能长到 13cm 左右，仿佛小"耳朵"一样，形状独特。与燕尾榕风格截然不同，属于大型"有耳"水榕。在原生地多长在河边，不过也能见到沉水姿态。草缸养殖时体型会变小，可进行水下栽培。

燕尾榕

Anubias hastifolia

天南星科
分布：加纳、尼日利亚、喀麦隆、加蓬、刚果（金）
光量：□　CO$_2$量：●　底床：▲ ▲

侧裂片很长，仿佛"耳朵"一样，是最具代表性的"有耳"水榕。叶形变化多样，既有接近三深裂的矛状叶片，也有侧裂片较短的心形或耳形叶片。侧裂片长 26cm，宽 8cm 左右，存在感极强。花柄长 8 ~ 24cm，叶柄长 9 ~ 67cm，最好用于开放型水草造景，可以让叶片充分伸展出来，尽显大型水草的魅力。虽然也可以在水下生活，但生长速度极为缓慢。

哈特榕

Anubias heterophylla

天南星科 ／ 别名：异叶水榕芋、钢榕
分布：喀麦隆、赤道几内亚、加蓬、刚果（布）、刚果（金）、安哥拉
光量： ☐　**CO$_2$量：** ●　**底床：** ▲ ▲

没有"耳朵"的大型水榕。陆生形态超过60cm。叶片由狭椭圆形至披针形不等，有些叶片边缘非常光滑，有些呈剧烈的波浪状。叶片上优美的褶皱也是本种的特点之一。有时叶基呈矛状，但侧裂片极不明显。虽然体型较大，但非常适应水下生活，很适合草缸养殖。在水下体型不会像陆上那么大。适用于大型草缸的后景，与有茎草搭配起来效果也不错。

大气泡椒草

Cryptocoryne aponogetifolia

天南星科 ／ 别名：亚澎椒草
分布：菲律宾
光量： ☐　**CO$_2$量：** ●　**底床：** ▲ ▲

大型水草，能长到100cm左右。叶宽2～4cm，叶片有明显的凹凸，仿佛气泡一般，故名"大气泡椒草"。草缸养殖时体型大约会缩小一半。不考虑体型大小的话，在草缸内养殖难度不大。喜硬度较高的水质。为了让水草结结实实地扎根，使植株长得更好，底床最好选择清洁的沙砾，铺得稍厚一点，大约在5cm以上。

剑竹椒草

Cryptocoryne ciliata

天南星科
分布：印度至新几内亚
光量： ☐　**CO$_2$量：** ●　**底床：** ▲ ▲

大型水草，主要生长于河流下游，也分布于半咸水水域，偶尔还会出现在盐沼的湿地里。体型较大的能达到1m，草缸养殖时通常为50cm左右。叶片较厚，披针形，叶尖锐形，叶色为明亮的绿色。原种叶幅较窄，菲律宾还有叶幅较宽的变种。在陆族缸中养殖时，可欣赏到独特的花姿，但需做好防寒措施。

拟科戈椒草（马哈拉施特拉产，红）

Cryptocoryne cognata 'Maharashtra Red'

天南星科 ／ 分布：印度
光量： ☐　**CO$_2$量：** ●　**底床：** ▲ ▲

叶片为较宽的披针形，长15～20cm，叶柄长8cm。叶色绿色至红色。有些叶片边缘光滑，有些呈波浪状。没有走茎。主要生长在水流较快的浅溪中，喜水下生活。草缸养殖时，只要维持好基础环境，除了磕碰损伤会造成溶化外，养殖难度不大。强光下，叶片的红色会更为浓郁，还会出现细小的褐色条纹，十分优美。

喷泉椒草

Cryptocoryne crispatula var. *flaccidifolia*

天南星科 / **分布：泰国南部**
光量：☐　CO$_2$量：●　底床：▲ ▲

水中叶长 20 ~ 50cm，宽 0.5 ~ 1.2cm。叶片边缘呈剧烈的波浪状起伏，外形看上去很像叶片变细的皱边椒草，但叶片上没有凹凸。叶片很细，不过纵贯叶片中心的中脉却比较粗，看上去十分醒目，是造景中很好的点缀。以 "*Cryptocoryne retrospiralis*" 或 "*Cryptocoryne crispatula*" 之名从各水草养殖场购入的水草基本上都是喷泉椒草。由于叶片很细，不会影响其他水草，与细枝的沉木搭配在一起，效果卓群。

皱边椒草

Cryptocoryne crispatula var. *balansae*

天南星科 / **分布：中南半岛**
光量：☐　CO$_2$量：●　底床：▲ ▲

细叶系椒草中强健种的代表，非常皮实，市面上比较常见，很适合初学者。叶片呈剧烈的波浪状起伏，草缸养殖时可长到 50cm 左右。喜明亮的环境与丰富的养分，合适的条件下，形态会非常优美。缺钙时容易打蔫，使用软水和水草泥时需特别注意。自然环境中可生活在水流强劲的水域，因此适合放在有过滤器的后景。

棕皱边椒草

Cryptocoryne crispatula var. *balansae* 'Brown'

天南星科
分布：中南半岛
光量：☐　CO$_2$量：●　底床：▲ ▲

皱边椒草的深棕色变种。叶柄与叶脉有时会发红，观赏价值极高。养殖条件与皱边椒草基本相同，不过为了更好地发色，最好保证强光照射，并在底床中埋设根肥。不仅适用于蕨类与莫丝水草较多的雅致造景，也可置于以有茎草为主、色调明亮的造景中，作为点缀。

宏都洛椒草

Cryptocoryne hudoroi

天南星科 / **别名：洪都罗伊椒草**
分布：印度尼西亚加里曼丹岛
光量：☐　CO$_2$量：●　底床：▲ ▲

高 20 ~ 50cm，适合水下生长。叶宽 2 ~ 5cm，狭椭圆形，表面有明显的凹凸。与皱叶椒草外形十分相似，大小也几乎相同，但感觉上本种的体型似乎更小。叶片背面与表面同为绿色，有时会略带棕色。喜石灰质的土壤，因此底床也可选用大矶砂。此外，由于购买渠道较多，在凹凸叶型的椒草中属于最为常见的。

螺旋椒草

Cryptocoryne spiralis

天南星科 ／ 分布：印度
光量：☐　**CO$_2$量：**●　**底床：**▲ ▲

细叶型的大型椒草，广泛分布于印度西部。能长到50cm，叶片边缘呈缓缓的波浪状起伏。叶色为明亮的绿色。与皱边椒草十分相似，但看上去感觉更清爽。形态优美，可用于各种造景形式之中。除野生种外，近年来，印度、欧洲、日本等不同地区都开始出售人工养殖的变种。其变种之多令人惊讶。

皱叶椒草

Cryptocoryne usteriana

天南星科 ／ 别名：气泡椒草 ／ 分布：菲律宾
光量：☐　**CO$_2$量：**●　**底床：**▲ ▲

凹凸叶型的椒草，与宏都洛椒草十分相似，只是叶片背面颜色不同，皱叶椒草的叶片背面发红。体型较大，约70cm。叶幅也比较宽，最大可达8cm左右。目前已知有多种变种，有些叶片表面略带棕色，有些叶片背面不发红。喜硬度较高的水质，容易养殖。市场上有很多水草养殖场出品的皱叶椒草，购买方便，不妨多多使用。

斯里兰卡芭蕉草

Lagenandra ovata

天南星科 ／ 分布：印度、斯里兰卡
光量：☐　**CO$_2$量：**●　**底床：**▲ ▲

大型水草，在原生地能高达100cm以上，草缸养殖时高度降低到一半左右，不过，最好能使用水深45cm的草缸进行养殖。叶由狭卵形至披针形、矩形不等。叶色为比较明亮的绿色，十分漂亮。不考虑体型大小的话，养殖难度并不大。如果叶色变浅，应及时添加底床肥料。是同属中唯一一个同时分布于印度与斯里兰卡的种。也可用于陆族缸，欣赏其独特的花姿。

鲁宾红芭蕉草

Lagenandra 'Rubin Hi Red'

天南星科 ／ 分布：印度
光量：☐　**CO$_2$量：**●　**底床：**▲ ▲

瓶苞芋属（*Lagenandra*）的一种水草，浓郁的红铜色极具个性。可能是毒果芭蕉草的铜叶变种。这种颜色的大型水草在草缸内可谓独一无二。如果搭配得当，很可能开创出一种前所未有的全新造景形式，潜力无限。很容易养殖。保证充足的光线，并及时添加底床肥料，可令叶片颜色更美。

毒果芭蕉草

Lagenandra toxicaria

天南星科 / 分布：印度
光量：☐ **CO₂量：**● **底床：**▲ ▲

叶片由矩形至卵形不等，长15～35cm，宽6～12cm，整体高度为70～80cm。草缸养殖时，体型会变得稍细，高30～40cm。外形酷似剑榕。适合草缸养殖，即使不添加 CO_2 也能正常生长，非常皮实，养殖难度很低。与芋（*Colocasia esculenta*）一样，茎、叶中含有草酸钙，种植时如果接触到茎、叶部分的切口，可能会产生痛感，需特别注意。

皇冠草 🌱

Echinodorus grisebachii 'Amazonicus'
(*Echinodorus amazonicus*)

泽泻科 / 亚马孙剑草 / 分布：巴西亚马孙热带雨林
光量：☐ **CO₂量：**● **底床：**▲ ▲

高30～50cm，草缸养殖时通常为40cm，叶片长30cm，宽1.5～3cm，叶柄长10cm左右。在原生地主要生长在水深50～100cm的水下，因此比较适应较弱的光线。不过，与宽叶皇冠草相比，长势并不旺盛，因此，在从水上转移到水下的时期，一定要增强光量。自古便被称作水草之王，20棵以上的束生状态十分优美，极具装饰性。

细剑皇冠草

Echinodorus decumbens

泽泻科 / 分布：巴西东部
光量：☐ **CO₂量：**● **底床：**▲ ▲

细叶型皇冠草，与长叶九冠具有不同的韵味。直线形线条给人的感觉比较硬朗，有一股强烈的野生感。水中叶长10～20cm，宽0.5～1.5cm，叶柄较长，高50cm，有时还会更高。由于向上生长时叶片呈聚拢状态，不会展开，因此，虽然高度很高，但并不会妨碍到其他水草。比较耐高温，在中性水质中长势最好。

宽叶皇冠草 🌱

Echinodorus grisebachii 'Bleherae' (*Echinodorus bleheri*)

泽泻科 / 别名：阔叶亚马孙剑草
分布：南美洲热带地区

光量：☐ **CO₂量：**● **底床：**▲ ▲

高60cm以上，叶片长50cm左右，宽4～9cm。三倍体，比皇冠草株型更宽、体型更大，非常皮实。养殖条件与皇冠草相同，无需添加 CO_2。养殖时应注意，一旦定植就不要移动，同时应在底床施肥。如果水温过低，营养吸收会比较慢，即使添加底床肥料，叶色也会变浅。耐心把植株养大后，叶片形态十分优美。

九冠草

Echinodorus major

泽泻科 / 别名：九官、绿九冠、红九杆皇冠
分布：巴西
光量：▢　CO_2量：●　底床：▲ ▲

水中叶为明亮的绿色，叶片边缘呈大波浪状起伏，高45～60cm。
具有一种独特的透明感，质感较硬。基本上比较皮实，不过与皇
冠草相比，生长速度较慢。很容易由于肥料不足导致生长不良、
体型变小，因此，及时添加底床肥料非常关键。添加CO_2的效
果也不错。九冠草是从很久以前就一直在市场上流通的常见种，
由于它属于比较难得的绿色系皇冠草，一直拥有较高的人气。

长叶九冠

Echinodorus uruguayensis

泽泻科
分布：阿根廷东北地区、巴拉圭、乌拉圭、巴西南部
光量：▢　CO_2量：●　底床：▲ ▲

水中叶长30～60cm，宽2～3cm，深绿色。肥料不足时叶色
会变浅，因此一定要注意施肥。对温度的适应范围较广，18～
28℃的水温都可生长。叶片细长，多为纵向生长，很少横向扩
散，因此占地不大。在绿色系皇冠草中人气极高。在最新的分类
中，乌拉圭皇冠草等多种皇冠草都被归为同种，对此，水族界的
意见目前尚未统一。

乌拉圭皇冠草

Eleocharis uruguayensis（Echinodorus horemanii）

泽泻科
分布：巴西南部
光量：▢　CO_2量：●　底床：▲ ▲

乌拉圭皇冠草与长叶九冠外形相似，只是叶片略宽，高度超过
40cm，属于大型水草。叶色多变，由较深的橄榄绿至黑红色不
等，具有一种独特的透明感。目前市面上深绿色系的皇冠草已
有很多，而本种一直被视作最具特色的代表。养殖难度并不高。
株型较大，存在感极强，在造景中属于绝对的主角。

中簧藻

Blyxa aubertii

水鳖科 / 别名：无尾水筛
分布：日本、印度、斯里兰卡、澳大利亚
光量：▢▢　CO_2量：● ●　底床：▲

根生，叶呈披针形，长10～30cm，宽3～9mm，叶色为明亮
的绿色，有些略带红色。种子呈纺锤形，两端没有尾状凸起。外
形与大簧藻（*Blyxa echinosperma*）十分相似，不过大簧藻的
种子两端有尾状凸起。由于二者叶片形态基本相同，仅看叶片不
看果实，根本无从辨别。目前市场上流通的大簧藻和中簧藻，几
乎全都产自外国。形态优美，可用作中心造型。

水蕴草

Egeria densa

水鳖科 / 别名：蜈蚣草
分布：南美洲
光量：☐ **CO$_2$量：**● **底床：**▲ ▲

叶呈宽线形，长 1.5 ～ 4cm，宽 2 ～ 4.5mm，叶片边缘有细细的锯齿，但并不明显。每节 3 ～ 5 叶轮生，通常为 4 叶轮生，最多 8 叶轮生。20 世纪 20 年代前后，作为实验植物，被引入日本，随后在日本各地出现归化。如今归化现象已遍布世界各地，成为一大环境问题。耐寒性较强，非常皮实，容易养殖，因此千万不要释放到室外。常被用作金鱼藻。

黑藻

Hydrilla verticillata

水鳖科 / 别名：轮叶黑藻
分布：广泛分布于亚洲、欧洲和非洲
光量：☐ **CO$_2$量：**● **底床：**▲ ▲

叶呈线形至线状披针形，长 1 ～ 2cm，宽 1 ～ 3mm，每节 3 ～ 8 叶轮生，通常为 6 叶轮生，最多可达 12 叶轮生，叶片边缘有明显的锯齿，通过这些特点可与三轮水蕴草（*Egeria canadensis*）和细叶水蕴草（*Egeria najas*）进行区分，不过生长环境不同会造成形态差异，因此还是有可能会发生混淆。此外，产地不同也会造成形态上的差异。市场上流通的黑藻产地不同，应注意区分。不要将其释放到室外。

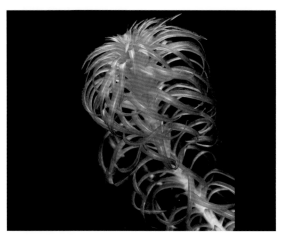

卷叶蜈蚣草

Lagarosiphon major

水鳖科 / 别名：大卷蕴藻
分布：非洲南部
光量：☐ **CO$_2$量：**● **底床：**▲ ▲

传统的观赏水草，在欧洲已有 100 多年的养殖历史。叶呈线形，长 1.1 ～ 2cm，宽 1.5 ～ 3mm，叶色为深绿色。最大的特点是叶片螺旋状附着在茎上，同时明显地向外卷曲。环境适应能力极强，适应草缸中的环境后，非常容易养殖。营养繁殖能力很强，分枝旺盛，不断繁殖。耐寒性很强，也可用于鱼缸，但千万不要释放到室外。

虾子菜

Nechamandra alternifolia

水鳖科 / 别名：虾子草
分布：印度、孟加拉国
光量：☐ ☐ **CO$_2$量：**● ● **底床：**▲

叶呈线形，长 1.5 ～ 6cm，宽 2 ～ 6mm，全长能达到 100cm 左右，不过由于是有茎草，某种程度上，可以通过修剪来控制高度。目前市场上流通的产品多为绿色，透明感很强，不过据报道，在野外也能看到极富魅力的红色植株。养殖的关键在于保持高光量与低 pH 值，同时应提供丰富的营养成分。养殖条件与狭叶虾子菜基本相同。由于节距较长，多种一些聚在一起会比较好看。

狭叶虾子菜

Nechamandra alternifolia subsp. *angustifolia*

水鳖科 / 别名：越南篦藻（*Blyxa vietii*）
分布：中国南部、缅甸、泰国北部、越南、柬埔寨、老挝等
光量：□□ **CO₂量：**● ● **底床：**▲

以前一直被称作"越南篦藻"，2014 年开始，被改为虾子菜的亚种。叶呈线形，锐形叶尖，叶长 3 ~ 5cm，宽 0.7 ~ 2mm，叶片边缘有细细的锯齿。与有茎水兰一样，靠走茎繁殖。养殖条件与虾子菜基本相同。细细的叶片极具特色，非常适合造景。目前市场上流通的产品均产自越南中部岘港的近郊。

南美水车前

Ottelia brasiliensis

水鳖科
分布：巴西、巴拉圭、阿根廷
光量：□□ **CO₂量：**● ● **底床：**▲

叶呈线形或倒披针形、椭圆形、匙形等，整体高度最高可达 200cm，不过草缸养殖时体型不会太大。叶色多变，有绿色、红棕色等，有的叶片上还带有红褐色的短条纹，是南美水草中养殖难度很高的代表性种。必须保持高光量及低 pH 值，添加 CO₂ 并勤换水。据当地报道，在原生地，南美水车前主要生长在流水附近，造景时可参考这一信息。

非洲水车前

Ottelia ulvifolia

水鳖科 / 分布：非洲、马达加斯加
光量：□□ **CO₂量：**● ● **底床：**▲

非洲水车前有两种类型，一种比较常见，叶形细长，上面带有虎斑，另一种叶形为椭圆形，类似圆叶筋骨草（*Ajuga ovalifolia*）。市场上流通的为前者。叶长 30 ~ 45cm，宽 6 ~ 10cm，叶柄长 10 ~ 30cm，整体高度约为 75cm。明亮的绿色叶片上有红棕色的虎斑图案。在市场上流通的同属水草中，属于养殖难度最低的。因为叶片呈纵向伸长，所以造景时非常方便，适用于大型草缸的后景。

苦草

Vallisneria asiatica

水鳖科 / 别名：亚洲苦草、卷兰 / 分布：亚洲
光量：□ **CO₂量：**● **底床：**▲ ▲

叶长 10 ~ 80cm，宽 0.3 ~ 0.9cm，锐形或钝形叶尖。上方叶缘带有锯齿。走茎上没有凸起，比较光滑。最近的研究表明，很多被当做苦草的水草其实都是杂交种。这些杂交种的亲本是密刺苦草和小水兰。由于某些原因，这些海外的杂交种被引进日本，并逐渐在日本扎根。

扭兰

Vallisneria asiatica var. *biwaensis*

水鳖科 / 别名：螺旋兰
分布：日本近畿地区
光量：☐　CO₂量：●　底床：▲ ▲

苦草的变种，是日本的特有种，主要生长在与琵琶湖相同水系的河流中，种名"biwaensis"取自琵琶湖的日语发音。叶长10～60cm，宽0.5～0.8cm，叶片螺旋状扭曲，叶片边缘自上至下都带有锯齿，十分醒目，这也是扭兰的主要特点之一。草缸养殖时，高度为20～40cm，适用于后景。叶片扭曲并非扭兰独有的特点，在很多其他水草中也能看到这个特点，目前市场上有好几种这种类型的水草正在流通。

马默水兰

Vallisneria australis 'Marmor'

水鳖科 / 别名：新虎斑水兰
改良品种
光量：☐　CO₂量：●　底床：▲ ▲

据说叶长能达到200cm，宽3cm，不过草缸养殖时大小只有一半左右。叶片整体发红，上面带有密密麻麻的红褐色虎斑图案，十分优美。据说，它诞生于新加坡的水草养殖场，是在红苦草中发现的。光线越强，叶色越深，图案越清晰，因此虽适用于后景，也要注意保证充足的光照。搭配其他带虎斑的水草，效果也不错。

澳洲水兰

Vallisneria australis

水鳖科 / 分布：澳大利亚
光量：☐　CO₂量：●　底床：▲ ▲

2008年发表的研究表明，大水兰（*Vallisneria gigantea*）很可能是细长水兰（*Vallisneria nana*）的同义词。而与此同时人们也发现，在新分类群中被确认为澳洲水兰（*Vallisneria australis*）的水草，在市场上流通时有一部分被误认为大水兰。此外，2016年日本的一项研究同样显示，市场上流通的一部分澳洲水兰实为大水兰，同时提议将这种水草的日文名称定为"澳洲苦草"。图中为新加坡进口的绿色型澳洲水兰。

密刺苦草

Vallisneria denseserrulata

水鳖科 / 别名：密刺水兰 / 分布：中国、日本
光量：☐　CO₂量：●　底床：▲ ▲

苦草属（*Vallisneria*）水草中唯一一种能形成繁殖芽的，具有特殊的生态。叶长10～60cm，宽0.5～1.1cm，锐形或钝形叶尖，叶片边缘至走茎一带全都带有明显的锯齿。入秋后即进入越冬模式，形成繁殖芽，叶片脱落，因此养殖时一定要提前做好各项准备，如延长照明时间、提高水温、按时添加CO₂等，以防它感觉到季节变化。

澳河水兰

Vallisneria nana 'Little Yabba Creek'

水鳖科
分布：澳大利亚
光量：☐ **CO$_2$量：**● **底床：**▲ ▲

细长水兰广泛分布于澳大利亚的各个州，根据所在地域的不同，形态存在较大差异。无论叶长、叶宽、叶色还是叶片上的图案，都有很大不同。本种产于昆士兰州一条名为"Little Yabba Creek"的小河，其特征是暗绿色的细长叶片上有很多深色斑点。与生长于同一地区的澳大利亚肺鱼、隐龟或其他蛇颈龟科的龟类搭配起来，效果都很好。

细长水兰

Vallisneria nana

水鳖科
分布：澳大利亚
光量：☐ **CO$_2$量：**● **底床：**▲ ▲

特征在于叶片极细，叶宽仅 0.1 ～ 0.25cm。叶长 120 ～ 200cm，草缸养殖时多为 60 ～ 80cm。光量越强，高度越矮。锐形叶尖，靠近顶端的位置有小锯齿。叶片上有短短的红褐色虎斑图案，光量越强，图案越明显。非常容易养殖，而且外形纤细，极具时尚感，在适用于后景的水兰中，是人气最高的一种。

红苦草

Vallisneria natans 'Rubra'

水鳖科 ／ 别名：红蓼萍草
改良品种
光量：☐ **CO$_2$量：**● **底床：**▲ ▲

与红水兰（*Vallisneria gigantea* 'Rubra'）并非同一物种，在市面上常见的水兰中属于叶色最红的。有些品种在草缸中养殖时呈绿色，而生长在原生地光线良好的浅水中时，会变成浓郁的红色。红苦草是在草缸内叶色也会发红的类型。叶尖比较尖锐，叶片边缘有明显的锯齿。养殖条件与其他水兰基本相同，但最好保证强光照射。

柔细水兰

Vallisneria 'Slender'

水鳖科
分布：不详
光量：☐ **CO$_2$量：**● **底床：**▲ ▲

叶片极细，外形酷似细长水兰，不过二者属于不同系列。与细长水兰的区别在于，本种叶片上没有虎斑图案，而且叶尖会在顶端忽然变尖，而非细长水兰那样逐渐变尖。在细长水兰上市之前，日本曾流通过一款名为"迷你带草"的水草，本种与迷你带草实为同一物种。原产地不详，据说产于日本德岛县。柔细水兰的绿色十分漂亮，可营造出一股清凉感。

柔体水兰

Vallisneria spiralis 'contortionist'

水鳖科 / 别名：瓶塞钻水兰
改良品种
光量：☐ **CO$_2$量：**● **底床：**▲ ▲

叶长 60 ~ 70cm，宽 0.3 ~ 0.5cm。属于螺旋型叶片的水兰。在同属水草中，叶片的柔软程度首屈一指。稍微摸一下就能感受到它的柔软，极具特色。因此，在运输过程中很容易碰伤，这也是它的养殖难点之一。适应草缸内的环境后，与普通水兰一样，非常容易养殖。叶片较细，用于造景中不会感觉土气。光照越强，叶片越扭曲。

小水兰 📗

Vallisneria spiralis

水鳖科 / 别名：欧亚苦草
分布：非洲、欧洲
光量：☐ **CO$_2$量：**● **底床：**▲ ▲

带状线形叶片，长 50 ~ 200cm，宽 0.5 ~ 1.5cm。草缸内养殖时，长约 50cm。非常皮实，底床材料既可选用大矶砂，也可选用水草泥，对水质要求也不高，硬水、软水都可以。普通鱼缸中的照明灯亮度、显色性、色温都很低，有利于水草生长的波长也比较弱，但即便在这种照明下，小水兰也能正常生长。基本上不需要添加 CO$_2$ 或施肥。可以说是适合初学者的代表性水草。

大皱叶草

Aponogeton boivinianus

水蕹科 / 别名：气泡草 / 分布：马达加斯加
光量：☐ **CO$_2$量：**● **底床：**▲ ▲

块茎的颜色、形状都与栗子十分相似，仿佛被压扁的球形，直径 3cm，无毛，光滑。叶柄长 13 ~ 22cm，叶长 30 ~ 60cm，宽1.5 ~ 8cm，叶片为富有透明感的深绿色，沿着叶脉有一排凹凸褶皱，像气泡一样，十分有特色。花柄长 70cm 左右，前端有 2 根（偶尔有 3 根）长 20cm 左右的穗状花序。花被片为白色或粉色。据说在原生地，它的块茎会被食用，味道类似于栗子。

皱边浪草

Aponogeton capuronii

水蕹科 / 分布：马达加斯加
光量：☐ **CO$_2$量：**● **底床：**▲ ▲

块茎长 10cm，直径 2 ~ 3cm。叶柄长 7 ~ 20cm，叶长 20 ~ 40cm，宽 3 ~ 4.5cm。叶色由深绿至橄榄绿不等，叶片边缘呈大波浪状，看上去有些扭曲。花柄长 40 ~ 60cm，前端有 2 根（偶尔有 3 根）长 14 cm 左右的穗状花序。花被片为白色。定植前应保证底床清洁，否则会影响长势。

皱边草

Aponogeton crispus

水蕹科 / 分布：印度、斯里兰卡
光量：☐　CO₂量：●　底床：▲▲

块茎长5cm，全体带毛。叶柄长10cm，叶长50cm，宽4.5cm，叶色由浅绿色至红棕色不等，叶片边缘有细小的皱缩。浮叶长20cm，宽5cm。花柄长75cm，前端有1根长13cm左右的穗状花序。花被片为粉色或淡紫色。即使不添加CO₂也能轻松维持水中叶的姿态，容易养殖，在水蕹属（*Aponogeton*）水草中属于最适合作为入门种的一种。

紫红浪草

Aponogeton crispus 'Red'

水蕹科 / 改良品种
光量：☐　CO₂量：●　底床：▲▲

皱边草的红色改良品种，叶片发红。由丹麦的水草养殖场进口，属于人气品种。如果生长良好，叶片会变成浓郁的酒红色，具有一种独特的美。除保证强光照射并添加CO₂外，底床材料最好选用水草泥。与黑木蕨等深绿色的蕨类植物搭配在一起，不会显得特别华丽，反而是一种十分自然的点缀。

兰卡浪草

Aponogeton 'Lanka'

水蕹科 / 改良品种
光量：☐　CO₂量：●　底床：▲▲

兰卡浪草是斯里兰卡产的皱边草与拟杰氏椒草的杂交品种。无论叶形还是叶色，都明显地表现出拟杰氏椒草的性状。块茎较短，叶柄长15～50cm，叶长15～25cm，宽3～8cm，狭卵形，叶色由浅棕色至红棕色不等，叶片边缘呈细小的波浪状。花柄长70cm，前端有一根穗状花序，花被片为白色。养殖难度不高，不过如果光线较弱，叶柄容易变长。

长皱边草

Aponogeton longiplumulosus

水蕹科 / 别名：长叶波浪草、长叶皱边浪草
分布：马达加斯加
光量：☐　CO₂量：●　底床：▲▲

块茎由球形至椭圆形不等，直径2cm。叶柄长18cm，叶长40～60cm，宽1.5～4cm，叶片的绿色比较浓郁，边缘呈大波浪状起伏，但并没有达到皱边浪草的程度。花柄能长到150cm左右，前端有2根（偶尔有1根或3根、4根）长12.5cm的穗状花序。花被片为粉色或紫色，偶尔也会有白色。在马达加斯加产的水草中，属于养殖难度较低的。

马达加斯加网草（粗网型）

Aponogeton madagascariensis 'fenestralis'

水蕹科
分布：马达加斯加、毛里求斯
光量： □　**CO$_2$ 量：** ●　**底床：** ▲ ▲

马达加斯加网草是最著名的水草之一，它的特点是叶片上除了叶脉以外，有很多洞，仿佛网眼状的蕾丝。本种的网眼很大，非常有规则，被称作粗网型马达加斯加网草。以前学名曾用过"*Aponogeton fenestralis*"和"*Aponogeton major*"。无论哪种类型的马达加斯加网草都需要勤换水，只要坚持勤换水，即使在 60cm 的草缸中也能长出很多叶片。

马达加斯加网草（细叶型）

Aponogeton madagascariensis

水蕹科 / 别名：窄叶网草
分布：马达加斯加、毛里求斯
光量： □　**CO$_2$ 量：** ●　**底床：** ▲ ▲

叶幅较窄，网眼较小，被称作细叶型马达加斯加网草，以前学名也曾用过"*Aponogeton bernieriauns*"和"*Aponogeton guillotii*"。不过，目前市场上仍有很多地方沿用旧学名，甚至不同水草养殖场的命名也会出现不一致，因此不要纠结于它的名称，最好通过叶片的形状加以确认。

马达加斯加网草（宽叶型）

Aponogeton madagascariensis 'henkelianus'

水蕹科 / 别名：黑恩网草、宽叶网草
分布：马达加斯加、毛里求斯
光量： □　**CO$_2$ 量：** ●　**底床：** ▲ ▲

块茎呈圆柱形，长 10cm，直径 2～3cm。叶柄长 10～20cm，叶长 60～100cm，宽 1.5～1.8cm，叶色由浅绿色至棕绿色不等，花柄较长者可达 130cm，前端有 1～6 根长 9～20cm 的穗状花序。花被片为白色、粉色或紫色。图中的水草以前学名写作"*Aponogeton henkelianus*"，叶片上的网眼极不规则，现在被称作宽叶型马达加斯加网草。

杜甫浪草

Aponogeton tofus

水蕹科
分布：澳大利亚
光量： □　**CO$_2$ 量：** ●　**底床：** ▲ ▲

块茎长 1～3cm，直径 1～2cm。叶柄长 23～50cm，叶长 23～35cm，宽 1.4～2.5cm，叶片由线形至椭圆形不等，有些边缘比较平滑，有些则微呈波浪状。浮叶由卵形至椭圆形不等，长 11cm，叶色为绿色，有些叶片带有红棕色，叶柄长 64cm。花柄长 29～107cm，前端有 1～2 根长 17cm 左右的穗状花序。花被片为黄色。强光下，绿色的叶片会发红。

大浪草

Aponogeton ulvaceus

水薤科
分布：马达加斯加
光量： ☐ **CO$_2$量：** ● **底床：** ▲ ▲

块茎直径 2cm。叶柄长 50cm。叶长 45cm，宽 2 ～ 8cm，叶色为浅绿色，体型较大，叶片整体呈大波浪状起伏，形态十分优美。花柄长 80cm，前端有 2 根长 15cm 左右的穗状花序。花被片为白色、黄色或紫色。常用于杂交育种，目前已知的马达加斯加网草、大皱叶草、皱边草、大喷泉等，都属于大浪草的杂交种。非常容易养殖。

海带草

Aponogeton undulatus

水薤科
分布：南亚至东南亚一带
光量： ☐ **CO$_2$量：** ●
底床： ▲ ▲

块茎由卵形至椭圆形不等，直径 2.5cm，与全身带毛的皱边草不同，本种光滑、无毛。叶柄长 35cm，叶长 20 ～ 25cm，宽 0.8 ～ 4.2cm。叶色为深绿色，叶片边缘呈缓缓的波浪状起伏。花柄长 55cm，前端有 1 根长 11.5cm 左右的穗状花序。花被片由白色至粉色不等。该种具有通过不定芽形成幼株的特性，很容易繁殖。

大卷浪草

Aponogeton stachyosporus

水薤科 / 别名：穗泡浪草
分布：不详
光量： ☐ **CO$_2$量：** ●
底床： ▲ ▲

购自泰国水草养殖场。大卷浪草最大的特征是叶脉之间有很多地方出现了褪色现象，形成一种被称作"窗口"的图案，海带草也有同样的特性。大卷浪草有一种标准的水草形态，十分优美，可在后景种上一排，尽情欣赏灯光下迷人的"窗口"图案。

钝脊眼子菜

Potamogeton octandrus

眼子菜科 / 别名：南方眼子菜、八蕊眼子菜、细叶水引藻
分布：中国、朝鲜、日本、非洲
光量： ☐ **CO$_2$量：** ● **底床：** ▲ ▲

叶片呈明亮的绿色，具透明感，线形叶片不断伸长，很容易繁殖，是最适合用于后景的有茎草之一。本种在日本也有野生植株，不过水草造景中使用的多是由东南亚水草养殖场进口的植株。这种情况在其他水草中也很常见。释放到室外容易破坏生态系统，一定要注意。

尖叶眼子菜

Potamogeton oxyphyllus

眼子菜科
分布：中国、日本、朝鲜、俄罗斯
光量： ☐ **CO₂量：** ● **底床：** ▲ ▲

叶长 5 ~ 12cm，宽 2 ~ 5mm，叶片边缘十分光滑，不像微齿眼子菜那样有很多锯齿，叶尖呈骤凸形。在日本属于很常见的物种，从北海道至九州地区，分布广泛，随处可见。非常皮实，水沟里也能见到它的身影。主要生长在流水水域，草缸养殖时最好置于后景有水流的地方，柔软的叶片随水波轻轻摇荡，形态十分优美。明亮的绿色可与多种色彩搭配。

竹叶眼子菜

Potamogeton wrightii

眼子菜科 / 分布：中国、日本、俄罗斯、朝鲜、印度、
东南亚各国、新几内亚
光量： ☐ **CO₂量：** ● **底床：** ▲ ▲

叶片由长椭圆状线形至狭披针形不等，长 5 ~ 30cm，宽 1 ~ 2.5cm，叶柄有时能达到 10cm 以上，不过草缸养殖时通常不会长到这么大。叶片为明亮的绿色，极具透明感，叶脉清晰，形态之美不逊于近缘的齿叶眼子菜（*Potamogeton dentatus*）和日本眼子菜（*Potamogeton inbaensis*）。节距较宽，与细长水兰等后景草混栽在一起会比较好看。

小喷泉

Crinum calamistratum

石蒜科
分布：喀麦隆
光量： ☐ **CO₂量：** ● **底床：** ▲ ▲

叶长 70 ~ 100cm，宽 0.2 ~ 0.7cm。叶片细长，叶片边缘呈剧烈的小波浪状起伏，外形极具特色。绿色浓艳，有一种文殊兰属（*Crinum*）水草特有的光艳质感，分外好看。生长速度缓慢，但养大后非常漂亮。最好添加一些底床肥料。需勤换水，以免叶片上附生藻类。适合与产地相同的水榕类水草组合在一起，它们无论是养殖环境还是外形，都很相配。在荷兰式水草造景中是后景经典的配置。

大喷泉

Crinum natans

石蒜科 / 分布：西非
光量： ☐ **CO₂量：** ● **底床：** ▲ ▲

外形极具个性，十分醒目。块茎状似洋葱，直径 1 ~ 4.5cm，叶长 140cm，宽 2 ~ 5cm，叶片通常呈剧烈的波浪状起伏，不过偶尔也会出现比较平坦的叶片。由于外形差异较大，以前叶片比较平坦的大喷泉常常会被当做是不同的物种。叶色为浓郁的绿色，营养不足时，颜色会变浅，必须适时追加底床肥料。体型较大，适合在有一定水深的草缸中养殖。

聚花草

Floscopa scandens

鸭跖草科 / 别名：竹叶草
分布：东南亚、南亚、澳大利亚
光量：□　CO$_2$量：●　底床：▲ ▲

水中叶呈披针形，长 8cm，宽 2cm，叶片边缘呈波浪状起伏。叶片表面为绿白色，背面略带粉色。枝直立或向斜上方生长，属于大型的有茎草。叶互生，叶鞘比较明显，因此看上去很像竹叶，再加上分布地区主要集中在亚洲，因此在欧美地区，往往被视作极具亚洲风情的水草。适合与蓼属或眼子菜属的水草搭配。与颜色相似的瓦亚纳德宫廷草搭配起来效果也不错。

长艾克草

Eichhornia azurea

雨久花科
分布：南美洲（热带至亚热带美洲大陆）
光量：□　CO$_2$量：●　底床：▲

浮生或沉水植物。浮生形态酷似水葫芦，不过体型稍小。花虽然也偏小，但在约 15cm 的总状花序上有 50 多朵花，数量约为水葫芦花的 2 倍。水中叶长 10～25cm，宽 1cm，线形，叶色为明亮的绿色，叶互生，并形成一个平面，是南美地区最具代表性的草缸观赏植物。外形极具个性，是一种非常特别的水草，希望每个人都能尝试一下。

艾克草

Eichhornia diversifolia

雨久花科 / 别名：螺旋艾克草、南美艾克草
分布：中美洲、南美洲
光量：□　CO$_2$量：●　底床：▲

浮生或沉水植物。水中叶呈线形，长 9cm，宽 2～5mm，浮叶长 2.6cm，宽 1.6cm，叶柄长 2～6cm。草缸养殖时，必须使用水草泥，保证强光照射并添加 CO$_2$。如果养殖环境不好，叶片会发黑枯萎。相反，如果环境条件良好，生长速度会非常快。水中叶到达水面后，会变成浮生形态，因此，应在它长出水面前修剪重植。比较适合有一定水深的草缸。

杜邦草

Heteranthera dubia (Zosterella dubia)

雨久花科
分布：美国中部、东部，墨西哥，古巴
光量：□　CO$_2$量：●　底床：▲ ▲

叶互生，线形，长 15cm，宽 6mm，叶片细长。看上去仿佛眼子菜科（Potamogetonaceae）的植物，但本种属于雨久花科。外形很像徒长严重的小竹叶。花被片为黄色，而非蓝色，很有趣。耐寒性较强，在水钵中养殖时，可以欣赏花姿，不过，越冬时应做好防寒准备。在草缸中，属于经典的后景草。

花水藓 🔰

Mayaca fluviatilis

花水藓科 / 别名：绿苔草、向日葵、小绿松尾、软叶草
分布：美国南部、南美洲
光量：▢ **CO₂量：**● **底床：**▲ ▲

非常皮实，很适合初学者。即使不使用特殊设备也能正常生长，不过如果在具备弱酸性水质、强光照射并添加 CO₂ 的环境下，水草形态会更美，简直像变成完全不同的物种。水中叶长 8 ~ 12mm，宽 1mm 以下。叶色为淡绿色，肥料不足时叶色容易发白，但只要补充好肥料，很快就会恢复原样。添加铁肥尤为有效。与豹纹丁香搭配在一起，可在后景中营造出南美风情。

潘塔纳尔矮松尾

Mayaca sp. 'Pantanal Dwarf'

花水藓科 / 分布：巴西
光量：▢ ▢ **CO₂量：**● ● **底床：**▲

小型水草，叶长 5mm 左右，叶色为明亮的绿色。特征是叶尖向下卷曲。顶芽聚在一起时形态最美，因此应通过修剪使之萌发新芽，并将它们调整到相同的高度。同时，通过修剪还可增加水草数量，使其在丛生状态下存在感更强、更有震撼力。由于生长速度较快，最好适当添加液肥。与谷精草、谷精太阳等搭配起来效果卓群，可以彼此衬托。

大松尾

Mayaca sellowiana

花水藓科 / 分布：南美洲
光量：▢ ▢ **CO₂量：**● ● **底床：**▲

比花水藓体型大，水中叶长 1.2 ~ 2cm。对养殖条件的要求比花水藓高，必须保证弱酸性水质，强光照射并添加 CO₂。如果水质突然发生变化，叶片会卷曲，因此添加降 pH 值调节剂时必须严格保持草缸中原有数值。只要养殖环境良好，柔软的叶片就能大片大片地展开，展现出非常美丽的姿态。叶色浓郁，丛生状态最为迷人。在造景中堪当主角。

针叶红松尾

Mayaca sp. 'Santarem Red'

花水藓科 / 别名：圣塔伦红松尾 / 分布：巴西
光量：▢ ▢ **CO₂量：**● ● **底床：**▲

产于巴西的圣塔伦。主脉为红色，整体看上去似乎闪着一层淡淡的红光。在红色系水草中配色比较独特，与红松尾等水草给人的感觉截然不同。在底床使用水草泥、保证强光照射、添加 CO₂、保持弱酸性水质的环境下养殖，形态会很美。包括本种在内，所有花水藓属的水草都容易遭到大和藻虾及黑线飞狐鱼等鱼虾啃食，一定要特别注意。

泰国水剑
Cyperus helferi

莎草科
分布：印度、缅甸、泰国、柬埔寨、马来西亚
光量：□□　CO₂量：● ●　底床：▲ ▲

莎草科中为数不多的能在草缸中养殖的物种。叶长可达60cm，宽9mm。叶色为明亮的绿色。保证强光照射，并添加适量的CO₂，注意添加底床肥料，可以更好地促进植株生长，形态也会更美。喜新鲜水质，最好置于有流水的环境中并坚持定期换水。1991年开始在泰国南部的市场上流通。清爽的姿态适用于多种风格的水草造景。

飘逸大莎草
Eleocharis montevidensis

莎草科
别名：尖刺大莎草、蒙特维的亚荸荠
分布：美国
光量：□ CO₂量：●
底床：▲ ▲

本种进口自佛罗里达的水草养殖场。与卓必客大莎草不同，它只有短短的根茎，没有走茎。飘逸大莎草的标本有两种形态，此外还有很多非常类似的物种，目前详细信息不明。与大莎草不同，本种无法形成幼株，繁殖要花费很长时间。因此最好将其置于不希望植株增加数量的位置。易附生藻类，需特别注意。

卓必客大莎草
Eleocharis sp. (Toropica 公司)

莎草科
分布：美国
光量：□ CO₂量：●
底床：▲ ▲

与佛罗里达水草养殖场进口的飘逸大莎草不同，本种具有能横向伸长的地下茎，节的位置多秆丛生。看上去像是长高的小莎草，高20～40cm。与大莎草十分相似，不过秆的顶端无法形成幼株，这是二者的主要区别。有些造景中，幼株过于明显会显得不够清爽，这种情况下非常适合使用本种。走茎的处理方法以及养殖条件等与小莎草基本相同。

大莎草
Eleocharis vivipara

莎草科
分布：美国
光量：□ CO₂量：●
底床：▲ ▲

外形很像长高的小莎草，叶（秆）尖会萌发幼株。走茎呈株状，不会伸长，不过可以利用这种营养繁殖的机理，通过将幼株剪掉重植来进行繁殖。在后景种植一排，会给人以十分清爽的感觉。再搭配一些前景草，就可制作出非常质朴的造景，非常受欢迎。如果幼株过多，会遮挡光线，因此，应适时修剪。

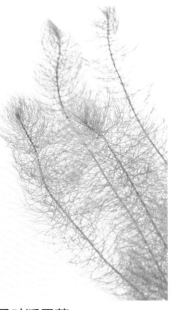

紫竹

Poaceae sp. 'Purple Bamboo'

禾本科
分布：东南亚
光量： ☐ ☐ **CO₂量：** ● ●
底床： ▲

一种可在草缸中养殖的禾本科植物。虽然禾本科植物大多生活在水边，不过也有不少种可以适应短暂的水下生活，本种就是其中之一。在水中，叶片会变为紫色，观赏价值极高。这种颜色的水草通常会出现在黑水河流 ❶ 中。在贫营养化的水质中也可生长，不过最好将 pH 值控制在较低水平。生长速度较快，容易出现徒长，因此适合使用较深的草缸。

二分果狐尾藻

Myriophyllum dicoccum

小二仙草科 ／ 别名：双室狐尾藻
分布：澳大利亚、中国、越南、印度尼西亚、印度、巴布亚新几内亚
光量： ☐ **CO₂量：** ●
底床： ▲ ▲

水中叶为细裂羽状叶，全长 4cm，体型较大。虽然关于澳大利亚产二分果狐尾藻的介绍较多，但其实它在亚洲地区的分布也很广泛。绿色叶片上略带黄色或棕色，与红色的茎相得益彰。如果光线较暗或营养不足，叶片会发白、褪色。及时调整养殖环境后，很快就能恢复。基本上比较容易养殖。生长速度较快，占地较大，适用于大型草缸的后景。

异叶狐尾藻

Myriophyllum heterophyllum

小二仙草科
分布：美国东部、中部，加拿大
光量： ☐ **CO₂量：** ●
底床： ▲ ▲

本种在美国市场上通常被称作红狐尾藻（Red Foxtail）。水中叶 4 ~ 5 叶轮生，羽状细裂，长 5cm 左右。自然环境下，叶色可能会发红，不过草缸养殖时，多为带有褐色的绿色，比较雅致。与红色的茎形成对比，十分优美。属于大型狐尾藻，风格优雅。据说在 10m 深的水中也能生存，对光线较暗的环境的适应能力很强。比较皮实，很容易养殖。使用液肥效果会更好。

绿羽毛

Myriophyllum hippuroides

小二仙草科
别名：绿千层、杉叶狐尾藻、织女草
分布：美国、墨西哥
光量： ☐ **CO₂量：** ● **底床：** ▲ ▲

市场上流通的绿狐尾藻中的一种。水中叶 4 ~ 6 叶轮生，羽状细裂，长 5cm 左右。叶色为黄绿色，强光下，有时会轻微发红。适合的水温在 18 ~ 28℃之间，应保证强光照射、添加 CO₂ 并定期施肥，具备适宜的养殖环境，则比较容易养殖。生长速度较快，在草缸内也能长得很高。适合搭配红叶水丁香，能在后景中营造出一种沉稳的氛围。

❶ 黑水河流主要流经树林茂密的湿地与沼泽，水较深，流速缓慢。由于河底堆积了大量枯叶，富含单宁，水流呈透明的黑色或褐色，属于酸性河流。世界上最大的黑水河流是巴西的内格罗河。

乳突狐尾藻

Myriophyllum papillosum

小二仙草科
分布：澳大利亚东南部
光量：□　**CO₂量：**●　**底床：**▲ ▲

与假狐尾藻十分相似，但本种体型更大。水中叶 4 ~ 6 叶轮生，长 2.5 ~ 4.5cm。水上叶有很多锋利的小锯齿，十分醒目，这也是与假狐尾藻的区别之一。野生乳突狐尾藻通常生活在约 30cm 深的水中，有记录显示，它在 1m 深的水中也能生存。喜光线明亮的环境。养殖条件与假狐尾藻基本相同。最好与其他水草搭配在一起置于后景，比单独使用效果更好。

羽状狐尾藻

Myriophyllum pinnatum

小二仙草科 / 别名：北美狐尾草
分布：北美
光量：□　**CO₂量：**●　**底床：**▲ ▲

有很多水草都被称作绿狐尾藻，羽状狐尾藻也是其中之一。水中叶羽状细裂，长 4cm，在草缸内通常为 2 ~ 3cm。叶色由深绿色至黄绿色不等，绿色大多比较浓郁。茎通常为红色。羽状狐尾藻十分常见，属于普通水草，但养殖难度却比较高，尤其不耐高温。当水温超过 25℃，就无法正常生长，最好将水温控制在 18 ~ 24℃之间。

假狐尾藻

Myriophyllum simulans

小二仙草科 / 别名：澳洲狐尾草
分布：澳大利亚东南部
光量：□　**CO₂量：**●　**底床：**▲ ▲

水上叶与水中叶的形态明显不同。水上叶为针形，3 ~ 4 叶轮生。水中叶羽状细裂，4 ~ 5 叶轮生，叶长 1.8 ~ 2.5cm。叶色为鲜绿色。叶片极其纤细，看上去似乎很难养殖，但只要保证强光照射，添加 CO₂ 并维持弱酸性水质，养殖难度并不大。生长速度很快，因此，很容易出现肥料不足的情况，应每日勤施液肥。

红狐尾藻

Myriophyllum tuberculatum

小二仙草科 / 别名：刺果狐尾藻、红千层
分布：印度、巴基斯坦、印度尼西亚
光量：□　**CO₂量：**●　**底床：**▲ ▲

本种为日本和欧洲市场上流通名为红狐尾藻的水草。水中叶 4 ~ 7 叶轮生，细裂，全长 2 ~ 2.5cm。叶片为红色。尤其是刚从东南亚水草养殖场进口的红狐尾藻，叶片深红，这种颜色在普通水草中可能并不稀奇，但在狐尾藻中却非常独特。养殖时，光线与营养十分重要。适合与深绿色的水草搭配在一起，置于后景。

青红叶

Ammannia crassicaulis (Nesaea crassicaulis)

干屈菜科 / 别名：粗茎水苋菜、小红叶
分布：热带非洲、马达加斯加
光量：☐　CO₂量：●　底床：▲ ▲

大型水草，与红柳十分相似。叶色由绿色至浅橘色，颜色不会变深。在欧洲地区，以青红叶之名流通的水草多为红柳。水中叶长5～11cm，宽1～1.6cm。皮实程度堪比红柳，养殖条件也基本相同。顶芽几乎不会萎缩变形，非常容易养殖。适合大量聚集在一起置于大型草缸的中后景。

红柳

Ammannia gracilis

干屈菜科 / 别名：细叶水苋
分布：塞内加尔、冈比亚
光量：☐　CO₂量：●　底床：▲ ▲

大型水草，非常皮实。寥寥数根即可展现出舒展大方之美。水中叶长4～12cm，宽0.7～1.8cm，暗橘色。只要水中叶状态良好，即使在中性左右的水质中，没有强光和CO₂也能正常生长。若想形态更美，可将水质调整为弱酸性，保证强光照射并添加CO₂。勤换水，控制住硝酸盐的值，并添加液肥，可令叶片的红色更为浓郁。

蝴蝶草

Ammannia senegalensis

干屈菜科 / 别名：塞内加尔水苋菜
分布：热带非洲
光量：☐　CO₂量：●　底床：▲

体型比红柳略小，红色较深。底床使用水草泥，注意pH值不要过低，同时应保证强光照射并添加CO₂。光线是否充足直接影响养殖效果，如果光线不足，水草很容易生病，叶片会发黑枯萎，从而无法正常生长。此外，应坚持定期换水，以便控制住硝酸盐的值，同时，添加微量营养素可令叶片发色更美。

大熊红蝴蝶

Rotala 'Big Bear'
(*Rotala* sp. 'Sindhudurg')

干屈菜科
别名：辛杜杜尔格
红蝴蝶
分布：印度
光量：☐
CO₂量：●
底床：▲ ▲

细叶系的节节菜属水草，体型较大。红色的茎与明亮的黄绿色叶片形成的对比十分优美。与在造景中颇具人气的宫廷草搭配起来效果非常好，置于后景时毫无违和感，可令宫廷草看上去更醒目。色彩绝妙，无论红色系还是绿色系水草搭配起来都不突兀，使用范围很广。养殖条件与红蝴蝶基本相同，比较容易发生徒长，因此一定要保证充足的光照。

紧凑红蝴蝶

Rotala 'Compact'
(*Rotala macrandra* 'Shimoga')

千屈菜科
别名：希莫加红蝴蝶
分布：印度
光量：▢▢　CO$_2$量：● ●
底床：▲

黄色系的红蝴蝶，体型较大。叶色由明亮的绿色至黄色不等，根据养殖条件的不同，还可能出现发红的情况。叶片较长，但叶幅较窄，所以不会产生压迫感。在大型草缸中多株丛生的形态十分优美。可对水草进行修剪，不过为了欣赏大片的叶片，最好将剪下的部分进行重植，这样可以让顶端的叶片一直不断生长，保持生机盎然。

绿松尾

Rotala hippuris

千屈菜科
别名：水杉
分布：日本
光量：▢▢　CO$_2$量：● ●
底床：▲

水中叶呈线形，长1～3cm，宽0.3～0.4mm，茎的每个节上5～12叶轮生。以前一直被认为是日本的特有种，不过近年来，在中国、越南以及其他东南亚国家都发现了非常类似的物种。室外环境下，叶片有时会发红，不过在草缸内一直呈现明亮的绿色。适用于后景，可通过修剪令其分枝，丛生状态下具有一种绿色水草独有的清爽美感。

绿蝴蝶

Rotala macrandra 'Green'

千屈菜科
别名：青蝴蝶
分布：印度
光量：▢　CO$_2$量：●
底床：▲

叶片表面为浅绿色，背面为粉色，叶色的变化极其优美。叶片尺寸较小，很适合用于造景。比红蝴蝶更皮实，但养殖时不能掉以轻心。养殖条件与红蝴蝶基本相同。肥料不足时，叶片容易变浅，比较影响观感，因此，一定要适时添加液肥。与鹿角苔、禾叶挖耳草等亮绿色水草搭配在一起，效果很好。

红蝴蝶

Rotala macrandra

千屈菜科
分布：印度
光量：▢▢　CO$_2$量：● ●　底床：▲

大型水草，水中叶由披针形至卵形不等，长2～4cm，宽1.5～2.5cm，株型较宽，叶片柔软，叶色鲜红，叶片展开后姿态极为优美。喜弱酸性的软水，底床应选用水草泥。此外，还应注意添加CO$_2$，保持强光照射。尤其是希望叶色更红时，一定要准备强光照明。添加液肥效果也不错。容易遭到贝类啃食，一定要控制贝类的数量。

尖叶红蝴蝶

Rotala macrandra 'Narrow Leaf'

千屈菜科
别名：窄叶红蝴蝶
改良品种

光量：▢▢　CO₂量：●●　底床：▲

窄叶型的红蝴蝶品种。养殖条件与红蝴蝶基本相同，但养殖难度稍高，必须保证养殖环境的各项条件良好。尤其在刚引入草缸时，一定要小心。换水时，最好添加降 pH 值调节剂。等到适应草缸中的环境后，可像普通红蝴蝶一样养殖。不过，若想欣赏到美丽的深红色叶片，还应保证强光照射。用于后景时，格外引人注目。

迷你黄金红蝴蝶

Rotala 'Mini Gold'

千屈菜科
分布：印度
光量：▢▢　CO₂量：●●
底床：▲

小型的黄色系红蝴蝶。圆形的小小叶片，正面呈黄色，叶尖略带一丝红色，背面是淡红色，色彩对比十分鲜明。与红蝴蝶的其他品种相比，更适合与那些形状、质感都截然不同的水草搭配，可以令其个性更为突出。草缸养殖时应保证强光照射，并添加肥料与CO₂。此外，为了防止叶尖萎缩，应尽量避免水质发生急剧变化。换水时最好添加降 pH 值调节剂。

越南百叶

Rotala sp. 'Vietnam'

千屈菜科
分布：越南
光量：▢　CO₂量：●
底床：▲

针叶型的节节菜属水草，叶长 1～3cm，宽 0.3～0.4mm，叶色由黄色至橘色不等。本种最大的魅力在于红色的茎，色彩十分醒目，最适合用作点缀。造景时可在后景中强调纵向线条。养殖条件与红松尾基本相同，不过本种的芽更不容易萎缩变形。换水时，应添加降 pH 值调节剂，令水质始终保持弱酸性。

红松尾

Rotala wallichii

千屈菜科
别名：红羽毛、瓦氏节节菜
分布：中国、印度至马来西亚等地
光量：▢▢　CO₂量：●●
底床：▲

红松尾的名称十分可爱，再加上外形的确很像松鼠尾巴，所以一直深受欢迎。刚长出的水中叶，只有叶尖部分会变红，造型尤其可爱。叶长 2.5cm，在针叶型节节菜属水草中，属于体型较小的。使用水草泥并添加 CO₂，就能培育得非常好看。如果再增强光量，并及时添加液肥，就能使之呈现出更浓郁的红色。水质的急剧变化会导致芽出现萎缩变形，应特别注意。

大红叶

Ludwigia glandulosa

柳叶菜科 / 分布：美国东南部
光量：▢▢ **CO₂量：**●● **底床：**▲▲

强烈的色彩十分吸引人，不过养殖难度较大。如果光线不足，叶色会变得黯淡，甚至逐渐溶化枯萎。因此养殖的关键在于保证强光照射。此外，为了维持住弱酸性水质，底床应选用水草泥，换水时添加降 pH 值调节剂。维护好环境条件，养殖难度就会大幅降低。当然，还必须添加 CO₂。铁分虽然也很重要，但与其他红色系水草不同，施肥并不是最关键的。

豹纹丁香

Ludwigia inclinata

柳叶菜科 / 分布：南美洲
光量：▢ **CO₂量：**● **底床：**▲

豹纹丁香是十分常见的草缸观赏植物，说起南美产水丁香，基本上指的就是本种。叶片呈矩形至狭倒卵形不等，长 1～5.5cm，宽 0.3～1.5cm。水中叶为明亮的红棕色，十分柔软，顺着水流摇曳的姿态有一种独特的野性美。若想最大限度发挥本种的魅力，最好利用较浅的草缸再现潘塔纳尔湿地的水边风景，从上方俯视效果最佳。

翡翠丁香

Ludwigia inclinata 'Green'

柳叶菜科 / 分布：巴西
光量：▢ **CO₂量：**● **底床：**▲

目前已知豹纹丁香有很多变种，不同产地的变种的叶片形状、颜色各不相同，其中最常见的就是翡翠丁香。本种产于巴西的亚拉圭亚河水系，特点是叶片为黄绿色。接近水面的地方光线比较强烈，有时叶片上会带有淡淡的橘色。比豹纹丁香叶幅更宽，生长速度也比较快。置于后景，很快就能长到水面，然后横向或向前伸展，可以打造出非常明亮的水草景观。

古巴叶底红

Ludwigia inclinata var. *verticillata* 'Cuba'

柳叶菜科 / 分布：古巴
光量：▢ **CO₂量：**● **底床：**▲

豹纹丁香的地域变种，产于古巴的青年岛，这里也是《金银岛》与《彼得潘》的故事舞台。古巴叶底红的特点在于水中叶呈橘色。比红太阳和翡翠丁香更容易养殖。对环境要求不高，用于造景十分方便。为了避免长出水上叶，应在叶片长到水面前及时修剪重植。不过注意不要剪得过短，以免水草枯萎。反复修剪多次后，茎会变粗，植株会更大，形态十分优美。

红太阳

Ludwigia inclinata var. *verticillata* 'Pantanal'

柳叶菜科 / 分布：巴西
光量：□□　**CO$_2$量：**● ●　**底床：**▲

水中叶呈线形，长 2～4cm，宽 1～2.5mm，8～12 叶轮生。
虽然是豹纹丁香的变种，但二者外形差异巨大，有时甚至会被
当成截然不同的物种。不过，从水上叶与花朵的形状上仍能看
出二者的关系。刚入货时养殖难度比较大，不过如今，只要环境
得当，已经很容易养殖。关键在于保证强光照射，添加适量的
CO$_2$，底床选用水草泥，及时添加铁肥与其他微量营养素肥料。
外形像一朵大红花，十分醒目。

龙卷风叶底红

Ludwigia inclinata var. *verticillata* 'Tornado'

柳叶菜科 / 改良品种
光量：□□　**CO$_2$量：**● ●　**底床：**▲

龙卷风叶底红的外形十分独特，生长过程中，每一片水中叶都
会剧烈扭曲着延伸。豹纹丁香变异之多样不禁令人叹为观止。
作为古巴叶底红的变叶品种，最初出现在越南，后来通过新加
坡的大型水草养殖场传播到全世界。也被称作"卷曲叶底红
（*Ludwigia inclinata* 'Curly'）"。养殖条件与豹纹丁香基本相同，
比较皮实。造景时，稍微细腻一些，丛生状态会十分优美。

斑纹叶底红

Ludwigia inclinata var. *verticillata* 'Variegata'

柳叶菜科 / 改良品种
光量：□□　**CO$_2$量：**● ●　**底床：**▲

叶色呈现一种接近白色的浅绿色，强光下略带一丝淡粉色，十分
优美。水上叶叶片边缘的白色斑纹上也有粉色，观赏价值极高。
养殖条件与其他豹纹丁香的变种基本相同。关键是保证强光照
射，添加 CO$_2$，使用水草泥，同时注意补充铁肥及其他微量营
养素肥料。叶绿素较少，因此一定要维持良好的养殖环境。与
亮绿色水草搭配在一起，能给人一种十分自然的感觉。

叶底红 ⬛

Ludwigia palustris

柳叶菜科 / 别名：沼生丁香蓼、水丁香、沼生水丁香
分布：广泛分布于世界各地
光量：□　**CO$_2$量：**●　**底床：**▲ ▲

广泛分布于世界各地。外形与红叶水丁香十分相似，但叶柄更
长，且叶片边缘、茎、叶脉等部位大多发红，通过这些特点可区
分二者。不过在不同的养殖环境下，叶底红的形态会发生巨大
变化，因此通过观察花形来区分二者更为保险，只有萼片、没有
花瓣的是叶底红。非常容易养殖，适合初学者。形态变化丰富，
为后景草提供了更多选择，令人期待。

红叶水丁香

Ludwigia repens

柳叶菜科 / 别名：匍匐丁香蓼、叶底红、匍生水丁香、红丁香、美国水丁香 / 分布：美国、墨西哥
光量： □　**CO$_2$量：** ●　**底床：** ▲ ▲

水中叶呈椭圆形，长 2 ~ 3.5cm，宽 0.5 ~ 1.4cm。叶色由橄榄绿至红色不等。叶片背面也由绿色至酒红色不等。底床可选用大矾砂，无需添加 CO$_2$，非常皮实，很适合初学者。作为红色系水草的入门种，养殖历史悠久，一直以来都很受欢迎。不仅很皮实，耐寒性也很强，而且繁殖能力旺盛，因而户外野生化的危险性极高。一定不要将它释放到室外。

红唇丁香

Ludwigia senegalensis

柳叶菜科
别名：几内亚丁香、塞内加尔丁香蓼
分布：热带非洲
光量： □ □
CO$_2$量： ● ●
底床： ▲

几内亚进口的水草。水中叶向下卷曲或微微皱缩，长 2cm，宽 0.8cm。在原生地主要生活在水下，因此很适合草缸养殖。砖红色叶片上的叶脉具有一种独特的美感，是一款适合草缸养殖的丁香蓼属（*Ludwigia*）水草。喜肥，因此一定要足量施肥。还要保证强光照射。与同产于非洲大陆的水榕芋属（*Anubias*）水草搭配在一起，效果卓群，请一定要尝试一下。

鲁宾叶底红

Ludwigia 'Rubin'

柳叶菜科 / 改良品种
光量： □　**CO$_2$量：** ●　**底床：** ▲ ▲

深红色的大型水草。叶长 5cm，宽 3cm 左右。整体外形与红叶水丁香十分相似，但叶尖更窄、更尖锐。由于受到大红叶的影响，叶片偶尔会互生。比大红叶更容易养殖，生长速度也很快。养殖条件可与红叶水丁香一致，但若想叶色更深，还需增强照明。适用于后景，尤其是放在后景两端，让它向前或横向伸展，是后景的经典造型。

苹果草

Cardamine lyrata

十字花科 / 别名：水田碎米荠
分布：中国、日本、朝鲜、西伯利亚
光量： □　**CO$_2$量：** ●　**底床：** ▲ ▲

湿生植物，春天会开清秀的白花，在泉水中能看到优美的水中叶。喜低温，不过由于市场上流通的水草多为国内外水草养殖场中养殖的，因此在水温 25℃左右的草缸中也能正常生长。长 2cm 左右的叶柄上长着 3cm 长的心形圆叶。生长速度较快，适用于中后景。造景时，既可将少量的苹果草用于点缀，也可聚集大量的苹果草，欣赏其丛生之美。

血心兰 🗒

Alternanthera reineckii

苋科
别名：皱边血心兰、瑞氏莲子草
分布：南美洲
光量：☐
CO$_2$量：●
底床：▲ ▲

红色系水草的入门种。可适应各种不同环境，十分皮实。水中叶呈狭披针形，长7.5cm，宽1.5cm，红色中略带一丝棕色。如果底床选用水草泥，即使不添加CO$_2$，也能长得比较漂亮。若想使其发色更美，则需在使用水草泥底床的基础上，维持弱酸性水质，并保证强光照射、添加CO$_2$和施肥。所有血心兰类水草都容易遭受虾类啃食，因此在选择除藻生物时一定要特别注意。

红雀血心兰 🗒

Alternanthera reineckii 'Cardinalis'
(*Alternanthera cardinalis*)

苋科 / 改良品种
光量：☐ **CO$_2$量：**● **底床：**▲ ▲

在血心兰的品种中属于体型最大、叶色最红的。水中叶呈披针形，长10.5cm，宽3.5cm左右。叶片正面的颜色与背面几乎没有区别，整片叶子色彩都十分鲜艳。叶片边缘的波浪状十分清晰，极具装饰性。存在感很强，是草缸中绝对的主角。养殖条件与血心兰基本相同，不过为了更好地发挥它的魅力，还应准备最佳的养殖环境。

大血心兰

Alternanthera reineckii 'Lilacina'
(*Alternanthera lilacina*)

苋科
分布：南美热带地区
光量：☐
CO$_2$量：●
底床：▲ ▲

大型水草，叶幅比血心兰更宽。水中叶呈披针形，长7.5~9cm，宽2.5~3cm。叶片正面为较暗的红褐色，背面为鲜艳的红色。叶片背面颜色优美是血心兰类水草的共同特征，为了突出这一特点，造景时应令其长高并置于后景，这是造景界常用的技巧之一。叶片上容易附生丝状藻类，可通过养殖黑线飞狐鱼加以清除。

大虎耳

Bacopa lanigera

车前科 / 分布：巴西
光量：☐☐ **CO$_2$量：**● ● **底床：**▲ ▲

叶呈宽卵形，接近圆形，长2~3.2cm，宽1.7~2.8cm。叶色为鲜艳的黄绿色，因而别名"黄虎耳"。此外，由于叶脉为白色，它也被称作"白纹虎耳"。浮力很强，两侧应修剪一部分叶片，以起到锚的作用，产生一定阻力，使水草不容易漂浮起来。养殖难度较大，相关设备要准备充分，还应添加充足的营养成分。用于后景时感觉十分明亮，可用来吸引观众的目光。

针叶虎耳

Bacopa myriophylloides

车前科 ／ 分布：巴西
光量：□　CO_2 量：●　底床：▲

外形独特，看上去很像乳突狐尾藻。1cm 左右的针形叶 10 叶左右轮生，叶色为明亮的绿色。喜弱酸性水质，底床应选用水草泥。必须保证强光照射并添加 CO_2。只要环境合适，养殖难度并不高。外形具有一种透明感，因此与皇冠草等叶片面积较大的水草搭配在一起，可以形成对比，不仅能够突出自己独特的存在感，还可将对方衬托得更为优美。

大宝塔

Limnophila aquatica

车前科 ／ 别名：大石龙尾
分布：印度、斯里兰卡
光量：□　CO_2 量：●　底床：▲ ▲

水中叶 17 ～ 22 叶轮生，羽状全裂，裂片为丝状，全长 2.5 ～ 6cm。绿色叶片偶尔会发红。顶芽到达水面时，叶片会变成水上叶，因此要在这之前进行修剪重植，维持水中叶的形态。修剪时不要剪得太短，用心修剪可令茎越来越粗，叶的直径也能达到 10cm 以上，形态越发挺拔。

北极杉

Hydrotriche hottoniiflora

车前科 ／ 分布：马达加斯加
光量：□　CO_2 量：●　底床：▲ ▲

叶长 3.5cm，宽 1mm 左右，10 ～ 20 叶轮生。叶片线形，略呈多肉质感。叶色为明亮的绿色，不带任何红色。北极杉仅分布于马达加斯加岛一地，外形独特。美丽的花朵也极具魅力。添加 CO_2 会更容易养殖。生长速度较快。在较深的草缸中令其充分生长，可欣赏到大型水草之美。搭配一些原产地相近的非洲水草，可以令造景风格具有统一感。

中华石龙尾

Limnophila chinensis

车前科
分布：中国、泰国、印度尼西亚、印度、澳大利亚等
光量：□□　CO_2 量：● ●　底床：▲

中华石龙尾的分布地区比较广泛。可以适应水下生活，适合草缸养殖。叶既有对生，也有 3 ～ 4 叶轮生，无叶柄，卵状披针形，长 2 ～ 4cm。草缸养殖时，叶片会变得更为细长。叶色多样，有的是纯绿色，有的叶色发红，产地不同，叶片颜色也会发生变化。底床选用水草泥，保证强光照射并添加 CO_2 后，非常容易养殖。浮力较强，下方最好保留一些叶片，以起到锚的作用。

毛花石龙尾

Limnophila dasyantha

车前科 / 别名：黄绣球宝塔
分布：几内亚、马里、加蓬、塞拉利昂等
光量：□ CO$_2$ 量：● 底床：▲ ▲

与非洲产的小宝塔同属。最大的特征是水上叶对生，花冠为黄色。水中叶的裂片较窄，丝状，这一点与同产于几内亚的几内亚矮宝塔截然不同。叶片为淡绿色，茎的一部分发红，可以起到很好的点缀作用。对环境要求较高，比起底床为水草泥、酸性水质的环境，在底床为大矾砂、接近中性水质的环境中生长会更好。不仅可进行营养繁殖，种子繁殖也很容易。

中宝塔

Limnophila heterophylla

车前科 / 别名：异叶石龙尾
分布：中国、泰国、孟加拉国、马来西亚等
光量：□ CO$_2$ 量：● 底床：▲ ▲

水中叶 8 ~ 14 叶轮生，叶长 2.5 ~ 3cm。外形与小宝塔十分相似，但裂片较细，茎上的毛比较明显，此外水上叶不会裂开，呈矩形，对生或轮生，着花方式也有所不同，总之，通过水上部分可以明确区分二者。只需添加 CO$_2$，非常容易养殖。若想养得更美，要点与大宝塔基本相同。成形后，在造景中会格外醒目。

印度宝塔

Limnophila indica

车前科 / 别名：有梗石龙尾
分布：东南亚、澳大利亚、非洲等
光量：□□ CO$_2$ 量：● ● 底床：▲

水中叶 6 ~ 20 叶轮生，裂片为丝状，全长 10 ~ 40mm。目前与丝叶石龙尾已被划分为不同种。二者外形十分相似，但印度宝塔整体体型更大，小苞长 2 ~ 4mm，这是二者最大的差别。裂片非常细，外形纤细，魅力十足，在造景中堪做主景。叶色多为淡绿色。草缸养殖时应注意保持弱酸性水质，并添加 CO$_2$。

大叶石龙尾

Limnophila rugosa

车前科
分布：中国、日本、菲律宾、婆罗洲等
光量：□□ CO$_2$ 量：● ● 底床：▲

大型水草。叶呈椭圆形，长 9cm，宽 4cm。在同属水草中，外形比较特殊，看上去不太像水草。养殖难度较高，必须保证强光照射并添加 CO$_2$。养殖过程中，节间容易出现徒长，叶片也不够柔软。在原生地，即便是在湿地中，也大多长在更干燥的陆地一侧，给人一种很难在草缸中养殖的印象。除冬季外，可尝试养在水钵中观赏。

117

小宝塔

Limnophila sessiliflora

车前科 / 别名：石龙尾、菊藻
分布：日本、越南、印度尼西亚、印度等
光量：☐　**CO₂量：**●
底床：▲ ▲

水中叶丝状开裂，全长 15 ~ 40mm，9 ~ 12 叶轮生，叶色为明亮的绿色，光线强烈的环境下，顶芽有时会发红。十分皮实，添加 CO₂ 后反而会因长势过快而出现徒长，影响外观。既可使用水草泥，也可使用大矾砂，无需强光，也不用施肥，非常适合初学者。造景时，能够营造出一种温和优雅的氛围，也会把小鱼衬托得更美。

巴西宝塔

Limnophila sp. 'Sao Paulo'

车前科
分布：巴西
光量：☐　**CO₂量：**●
底床：▲ ▲

产自南美地区，这里原本不应有石龙尾属（*Limnophila*）植物分布，但除本种外，还有其他几例水草也是同样情况。究竟它们为何会出现在巴西圣保罗，至今仍是个谜。不过，本种具有非常独特的魅力，这一点毋庸置疑。本种的特点在于顶芽会发红，与叶片浓郁的绿色形成优美的对比。若想养得漂亮，关键在于将 pH 值控制在较低水平。

丝叶石龙尾

Limnophila trichophylla

车前科
分布：中国、日本
光量：☐☐　**CO₂量：**● ●
底床：▲

以前与印度宝塔被视为同一物种，但二者其实是不同的。丝叶石龙尾的萼片基部没有小苞，或小苞小于 1mm，果实有柄，长 2 ~ 10mm，水中叶叶长 1.5 ~ 2.5cm，这些都与印度宝塔不同，通过这些特征可以区分二者。此外，虽然二者在草缸内的形态十分相似，但丝叶石龙尾体型更小。二者裂片顶端都很细，具有一种纤细的美感。丛生之美令人惊叹。养殖的关键在于将 pH 值控制在较低水平，换水时不要使水质发生剧烈变化。

尖果母草

Lindernia hyssopoides

母草科
分布：广泛分布于东亚至南亚一带
光量：☐☐　**CO₂量：**● ●　**底床：**▲

从斯里兰卡进口时标识是 *Gratiola* sp.（水八角属某一未知种），是错误的。由于其茎、叶有一股透明感，看上去确实与水八角属水草很像，而且英语中又是近义词，出现这样的错误倒也不是不能理解。主要生长于湿地等地，花姿十分优美。叶呈披针形，对生，无叶柄，长 5 ~ 15mm，宽 4mm。虽然容易出现徒长，但极富野趣，形态美丽。

印度百叶草

Pogostemon deccanensis

唇形科 / 分布：印度
光量：☐☐ **CO₂量：**●● **底床：**▲

叶片 6～8 叶轮生，由线形至披针形不等，长 5～12mm，宽1～3mm。水中叶非常柔软，不断伸长。花色为深紫色。穗状花序的长度虽然比印度大松尾短，但本种更为醒目。养殖时应保证强光照射并添加适量的 CO₂，使用水草泥效果也不错。置于后景，长高后丛生姿态十分优美，适合搭配细叶的水草，尤其是与黄松尾搭配在一起，效果卓群。

达森百叶草

Pogostemon sp. 'Dassen'

唇形科 / 改良品种
光量：☐☐ **CO₂量：**●● **底床：**▲

1998 年从荷兰水草养殖场进口的百叶草类水草。对环境要求不高，很容易养殖，因此最近在造景中使用的百叶草几乎全都是本品种。只要注意控制 pH 值，使其不要过高，底床选用大矾砂也能正常生长。不过急剧的水质变化容易导致顶芽萎缩变形，换水时一定要小心。与细叶的节节菜属水草搭配起来效果会很好，适用于后景。

大柳

Hygrophila corymbosa

爵床科 / 别名：伞花水蓑衣 / 分布：东南亚
光量：☐ **CO₂量：**● **底床：**▲ ▲

水中叶由较宽的披针形至卵形不等，长 10cm，宽 5cm 左右。叶色为绿色，有些略带棕褐色。大型水草，株型较宽，存在感十足。养殖时添加 CO₂ 效果会更好。如果光线不足，下方叶片容易脱落，因此最好保证强光照射。所有大柳类水草缺铁后叶片都会变得很难看，因此应随时观察叶片状态，适时添加微量营养素。

小柳

Hygrophila corymbosa 'Angustifolia' (Hygrophila angustifolia)

爵床科 / 分布：东南亚
光量：☐ **CO₂量：**● **底床：**▲ ▲

水中叶呈狭披针形，长 10～15cm，宽 0.5～1.2cm。叶色为明亮的绿色，搭配上叶片背面的绿白色，给人一种十分清爽的感觉。养殖条件与中柳基本相同，添加 CO₂ 后，叶色会更美。外形呈带状，可用于后景的两侧。并非放射状水草，因此通过修剪可轻松地调整高度，这也是它的优点之一。

中柳

Hygrophila corymbosa 'Stricta'
(*Hygrophila stricta*)

爵床科
分布: 东南亚
光量: □ CO_2 量: ●
底床: ▲ ▲

水中叶呈披针形, 长 8 ~ 15cm, 宽 1.5 ~
3cm。叶幅虽然比大柳窄, 但体型较大。
生长速度较快, 适用于大型草缸。对照
明、CO_2、水质等都没有太多要求, 能适
应的环境范围较广。如果叶色变浅, 可
以添加液肥。叶片柔软, 叶色为明亮的绿
色, 在后景中应用广泛, 既可置于后景中
心, 也可置于两侧。

泰国中柳

Hygrophila stricta var. *Thailand*
(*Hygrophila stricta* from Thailand form)

爵床科
分布: 泰国
光量: □ CO_2 量: ●
底床: ▲ ▲

中柳的变种, 产于泰国。比中柳叶片更
细, 叶色更亮, 在草缸中形态优美, 人气
很高。由于叶幅较窄, 与细叶的有茎草搭
配起来效果很好, 也不太占地, 因此不用
非得在大型草缸中养殖。适用于造景, 下
方叶片很少脱落, 这也是它受欢迎的原因
之一。如果肥料不足, 叶色会变浅, 因此
一定要定期施肥, 基本上属于非常皮实的
种类。

长叶水蓑衣

Hygrophila ringens subsp. *longifolium*

爵床科
分布: 印度
光量: □ CO_2 量: ●
底床: ▲ ▲

2013 年发表的亚种, 比最早发现的亚
种叶片更为细长。披针形的叶片长 9 ~
17cm, 宽 0.5 ~ 1cm。高 100 ~ 120cm,
体型较大, 花单生。与同产于印度、最早
发现的亚种相比, 外形差异较大。草缸养
殖的难度不大, 生长速度较快。需及时修
剪重植, 以免长出水上叶。水中叶呈带有
红色的亮绿色。

大安水蓑衣

Hygrophila pogonocalyx

爵床科
分布: 中国台湾省
光量: □ CO_2 量: ●   底床: ▲ ▲

多年生挺水植物, 高 80 ~ 150cm, 大型水草。
整体长有粗毛, 十分明显。叶呈椭圆形, 长 5 ~
15cm, 宽 2 ~ 4cm。淡紫红色的花冠很大, 长
2cm, 盛开时花姿优美。种子的传播依靠候鸟, 因
此扩散范围有可能很大, 最近在印度东北部也有发
现。草缸养殖时需添加 CO_2。尤其是想要它在水
下生长时, 还应保证强光照射。适用于后景。

苹果红水蓑衣

Hygrophila 'Quadrivalvis Apple Red'

爵床科
分布：印度
光量：□　　CO$_2$量：●
底床：▲ ▲ ▲

由印度水草养殖场购入，略带圆形的红叶极具个性。外形与名称十分匹配。虽然也有很多其他红色系的大型水草，但叶尖为圆形的十分罕见。即使株型很大也不会产生压迫感，造景时能够营造出一种柔和的氛围。倒披针形的叶片先是红色浓郁，然后逐渐变为橄榄绿色。与沉木搭配起来效果卓群。

菊草 ▢

Shinnersia rivularis

菊科
别名：墨西哥河菊
分布：墨西哥、美国
光量：□　　CO$_2$量：●
底床：▲ ▲

菊科的水草种类众多，但适合草缸养殖的却很少，菊草就是其中之一。水中叶片长 7.5cm，宽 3cm，叶片边缘较圆，同时浅浅裂开。生长速度较快，比较皮实，非常适合初学者。强光下叶幅会更宽，长得也更结实。图片中的水草属于斑纹品种白纹菊草（*Shinnersia rivularis* 'Weiss-Grün'），强光下，白斑会变粉，观赏价值极高，比原种更常见。

铜钱草

Hydrocotyle vulgaris

五加科
别名：野天胡荽、少脉香菇草
分布：欧洲、非洲西北部、高加索地区、伊朗
光量：□　　CO$_2$量：●
底床：▲ ▲

叶柄最长可达 70cm，节距 15cm。草缸养殖时虽然不会长到太大，但体型大小也不太好控制。若想欣赏浮叶，可直接剪短。所有天胡荽属的水草，包括被认定为特定外来物种的巴西天胡荽在内，繁殖能力都很强，野生化的危险性极高。为了防止生态系统遭到破坏，请一定不要将它释放到室外。

南美长叶草皮

Lilaeopsis macloviana

伞形科 / 别名：长叶南美草皮
分布：阿根廷、智利、秘鲁、玻利维亚
光量：□□　　CO$_2$量：● ●　　底床：▲

大型水草，能长到 30cm 以上。叶片中空。浮力很强，因此定植难度较高。本属水草的特点在于叶片上有一道横沟，由于本种体型较大，所以横沟会更加明显，可形成很好的点缀。养殖条件与南美草皮基本相同。水草在营养丰富的底床上扎好根后，就能茁壮成长，姿态挺拔。如果草缸不高，也可用于后景。本种也有小型品种，因此可尝试从前景到后景统一使用本种进行造景，一定很有趣。

老挝水芹

Ceratopteris thalictroides 'Laos'
(*Ceratopteris oblongiloba* 'Laos')

凤尾蕨科 / 别名：针叶水芹、针叶水蕨
分布：老挝
光量：☐　CO$_2$量：●　底床：▲▲

细叶水芹的地域变种。裂片很细，以至于很容易把营养叶看成孢子叶。最近造景圈比较流行体型较小和叶片较细的水草，本种与这些水草搭配起来效果非常好，因此备受欢迎，常常被用于后景。外形没有土气感，极富魅力。由于植株较高，最好使用水深45cm以上的草缸。

越南水芹

Ceratopteris thalictroides 'Vietnam'
(*Ceratopteris oblongiloba* 'Vietnam')

凤尾蕨科 / 别名：越南水蕨
分布：柬埔寨、印度尼西亚、菲律宾、泰国等
光量：☐　CO$_2$量：●　底床：▲▲

营养叶长5～25cm，孢子叶长10～40cm。叶柄比叶片短，为叶片长的1/3～3/4。叶片羽状深裂。比细叶水芹开裂更深，裂片更狭长。图片中的越南水芹为产于越南的变种，在同种水草中流通范围最广。特点是叶片整体略有弯曲，观赏价值极高。

细叶水芹 🌱

Ceratopteris thalictroides

凤尾蕨科 / 别名：水蕨、水芹
分布：亚洲、大洋洲、中美洲
光量：☐　CO$_2$量：●　底床：▲▲

营养叶长10～50cm，孢子叶长15～80cm。叶片较长，约为叶片的2/3～5/3，这也是它的主要特点之一。叶片羽状深裂。羽片分叉点上的无性芽脱落后，会在底床上扎根，并形成新的植株。如果植株过大，不太好处理的话，可用子株进行换植。喜新鲜流水，添加液肥效果也不错。适应草缸环境后，非常容易养殖。

中国水芹

Ceratopteris thalictroides 'China'

凤尾蕨科 / 别名：中国水蕨
分布：中国
光量：☐　CO$_2$量：●　底床：▲▲

细叶水芹的变种，羽片非常宽，与越南水芹和老挝水芹的风格截然不同，外形与大叶水芹十分相似。养殖条件与细叶水芹基本相同，对环境要求不高，很容易保持水中叶的姿态。体型较大，植株整体也比较宽，存在感极强。叶色为明亮的绿色，适合搭配同色系的有茎草，很容易打造出华丽的景观。

图片中的造景使用的全部都是铁皇冠、黑木蕨、水榕等需要附着在其他东西上生长的水草。通过使用比较高大的沉木，可将水草配置在较高的位置上。

制作：翁升（AQUA World pantanal） 摄影：石渡俊晴

大自然中的众多水草

～在水草原生地寻找造景的灵感～

丛生的四叶水蜡烛。看过这番景色后，在造景时会毫不犹豫地将它置于后景。摄于老挝万荣。（摄影：大美贺隆）

探索水草原生地

我曾经在婆罗洲岛（加里曼丹岛）郁郁葱葱的丛林中，沿着细细的水流，一路观察各类椒草。走着走着，我眼前忽然出现一个明亮的小池塘。虽然面对着公路，但并没有车辆往来，只有远处隐约传来小鸟的叫声。我已经走累了，于是就在水边坐下。我刚把脚伸进水里，一只很像黑线飞狐鱼的小鱼就朝我游了过来，一点儿也不怕人，也许它是在我溅起的沙子里找到食物了吧。

池塘深处，在一块阳光刚好照射到的地方，我看到一大片丛生的荸荠属（*Eleocharis*）水草，它们顺着水流悠悠地摇荡着，就像是长高的牛毛毡。四

很多人都不太了解，其实喷泉太阳也会附着在河流中生长。摄于泰国北碧府。（摄影：大美贺隆）

由于前一天刚下过雨，湖水有些浑浊，不过，第一次亲眼见到琵琶湖中的扭兰，还是令我十分感动。（摄影：高城邦之）

山崎美津夫老师用特制的工具亲自拾取水草。摄于琵琶湖。（摄影：高城邦之）

周既没有椒草，也没有其他可略作点缀的红色水草。然而，它却比我见过的任何水草造景都更美丽。

那之后，我又在各种不同的地方见过很多水草。不仅是在海外，在国内，甚至就在我家附近水沟一样的小河里生长着的尖叶眼子菜，也都有着能吸引人的魅力。自然之美真是不可思议。

与大师一起在水草原生地工作

在琵琶湖见到的日本特有种扭兰一直令我难以忘怀。扭兰别名"螺旋兰"，是十分常见的草缸观赏植物，不过，在原生地见到它，感觉还是十分特别，会有很多在草缸中未曾注意到的新发现。而且，当时我是和水草业界的第一人——山崎美津夫先生一起去的，这段两个人的时光令我感到万分荣幸。

望着87岁高龄的山崎老师亲自拾取水草，聆听着老师的讲解，穿着老师借给我的雨靴踏进琵琶湖，我获得了一种从未有过的体验。不仅仅是扭兰、密刺苦草、竹叶眼子菜、微齿眼子菜等，这些我以前未曾放在心上的水草，从那一天起，全都变得特别起来。能够将这些回忆或人生故事与水草连接在一起，恐怕也是探索水草原生地的妙处之一。虽然在别人看来只是一种很普通的水草，但在自己的心中却是最特别的存在，这就够了。

在水草原生地的收获

原生地的水草，会带给我们各种各样的灵感。它不仅可以让我们学习到造景时应当如何更好地布局、如何搭配不同的种类、水草数量多少看起来最美、什么是自然原本的色彩与形状等，还可以让我们了解野生水草真实的生长环境，从而更好地养殖水草。

只有真正了解了在原生地水草的布局的造景者，才能真正从心里认识到：无论多么精湛的水草造景技艺，都敌不过大自然的灵动之美。我觉得今后，能够认识到这一点，会变得越来越重要，因为在与自然共生的时代，我们必须时刻保持更高度的自觉。

美不胜收的水草世界，简直无法用镜头重现。摄于印度希莫加。（摄影：大美贺隆）

附着性水草造景实例

附着性水草近年来发展速度最快，造景中使用的种类也大幅增加。伴随着这股热潮，很多外来物种开始在国内扎根。随着水草种类愈加丰富，世界上开始不断涌现出各种崭新的水草造景形式。希望每个人都能用多种水草组合出绚丽的景观。

景观制作：马场美香（H2） 摄影：石渡俊晴

有效运用了附着性水草的造景实例

目前，对于附着性水草的使用，世界上主流的造景方式是水草种类不应过多，主要营造一种统一的、沉静的风格。不过，上图作品中虽然采用了多种附着性水草，布景复杂，也能给人带来非常愉快的感受。多多使用各种附着性水草也很有趣。

数据

草缸尺寸：长 45cm× 宽 24cm× 高 30cm
过滤：伊罕经典过滤器 2213（EHEIM classic 2213）
照明：ADA 水族灯（Solar II 36W 双管荧光灯）×2 盏
底床：ADA 亚马孙水草泥、ADA 能量砂 S、ADA 湄公河装饰砂
CO₂：每秒 1 泡
添加剂：ADA 活性钾肥（BRIGHTY K）、ADA 水草液肥（GREEN BRIGHTY STEP2），每日添加 2 次

换水：每周 1 次，每次 1/2
水温：26℃
生物：蓝线金灯（罗氏半线脂鲤，*Hemigrammus rodwayi*）、安德拉斯红草尾孔雀鱼、印第安鼠鱼（纵带兵鲇，*Corydoras arcuatus*）
水草：小榕、铁皇冠、窄叶铁皇冠、黑木蕨、爪哇莫丝、三裂天胡荽、小红莓、细叶水丁香、尖叶绿蝴蝶（狭叶青蝴蝶，*Rotala macrandra* 'Green Narrow Leaf'）、圆心萍、日本簀藻、小莎草

1

利用有茎草鲜艳的色彩突出莫丝的存在感 2

图中，莫丝四周都是色彩鲜艳的水草，不过，莫丝将石头表面完全覆盖住以后，大大提升了其与周围水草的亲和性，效果很好。作品仿佛使用了很多有茎草一样，整体给人一种十分明亮的印象。

景观制作：岸下雅光（AQUA REVUE） 摄影：石渡俊晴

数据

草缸尺寸：长90cm×宽45cm×高60cm
过滤：ADA 强力金属过滤桶 ES-1200
照明：ADA 水族灯（Solar RGB）×2 盏，每日8小时照明
底床：ADA 亚马孙水草泥、ADA 水草液肥（钾肥、氮肥、矿物质肥、铁肥）
CO₂：每秒 3~5 泡
换水：定期换水，每次 1/3~1/2

水质：26℃
生物：黑莲灯、钻石灯鱼（闪光直线脂鲤，*Moenkhausia pittieri*）、喷火灯鱼、白翅玫瑰旗、大和藻虾
水草：黄松尾、越南紫宫廷、福建宫廷草、瓦亚纳德宫廷草、绿宫廷、趴地矮珍珠、牛毛毡、皱斑中柳、矮珍珠、南美叉柱花、亚拉圭亚尖红水蓑衣、露茜椒草、丹麦温蒂椒草、窄叶铁皇冠、小叶铁皇冠、爪哇莫丝

注意观察匍匐在岩壁上的羽裂水蓑衣！ 3

图中的作品有一股动人的力量，它出自一位备受瞩目的造景新人之手。除了莫丝与辣椒榕之外，附着在岩壁上的有茎草羽裂水蓑衣的存在也令人一见难忘。它已经成为一种新素材，正在不断用来开创崭新的表现手法。

景观制作：太田英里华（Aqua Tailors） 摄影：石渡俊晴

数据

草缸尺寸：长90cm×宽30cm×高36cm
过滤：伊罕过滤器 2217（EHEIM 2217）
照明：ADA 水族灯（Solar RGB），每日9小时照明
底床：ADA 亚马孙水草泥、ADA 能量砂 S
CO₂：每秒1泡
换水：每周2次，每次1/3

生物：宝莲灯鱼、秘鲁水晶灯鱼、巧克力娃娃（黑带龙鳍鲀，*Carinotetraodon travancoricus*）、小精灵鱼、黑线飞狐鱼、锯齿新米虾
水草：矮珍珠、珍珠草、亚拉圭亚尖红水蓑衣、绿温蒂椒草、羽裂水蓑衣、古巴叶底红、越南紫宫廷、孟加拉宫廷草、红居丁香、超红水丁香、红虎斑睡莲

附着性水草图鉴

在打造个性化的水草景观时，那些扎根在沉木或石头上的附着性水草会发挥十分重要的作用。虽然不同种类的附着性水草，附着能力的强弱会有所不同，但由于它们在原生地自然生长在流水水域，因而当有流水时，它们的生长状态会比较好，大多需要勤换水。造景时应特别注意这一点。

水草种类 59 种：(412 ~ 470)/500 种

垂泪莫丝

Vesicularia ferriei

灰藓科 / 别名：暖地明叶藓
分布：中国、日本
光量：☐　CO_2 量：●　底床：▲ ▲

特征是水草姿态比较立体，叶片柔软蓬松，向下垂落，最好附着在位置较高的沉木上，令叶片自然下垂。在立体水草造景中，常用来表现树木造型。如果造景中有高低差，附着在位置较低的石头上效果也不错。养殖方法与新加坡莫丝相同，一定要切实保证光照。近年来，这种水草已越来越普及，十分常见。

小榕

Anubias barteri var. *nana*

天南星科 / 别名：小水榕、迷你水榕芋
分布：喀麦隆
光量：□　CO$_2$量：●　底床：▲ ▲

非常皮实，在海外甚至被称作"会生长的仿真水草"，是最适合初学者的入门级水草。自1970年开始养殖以来，深受全世界水草爱好者的喜爱。最大的魅力在于，可直接养在普通的热带鱼鱼缸里，无需强光，也不用添加CO$_2$或肥料。高5～15cm。可用尼龙线或扎带固定在沉木或石头上，在造景中应用广泛。

波浪小榕

Anubias barteri var. *nana* 'Bolang'

天南星科 / 改良品种
光量：□　CO$_2$量：●　底床：▲ ▲

比小榕叶幅更窄，叶片长5～7cm，宽2.5cm，叶柄长3.5cm。叶片比较平滑，整体感觉非常圆润。看上去十分自然，用于重现原生地水景风格的造景中也毫不突兀。与产地相同的水草组合在一起，可以令造景风格保持统一。也可附着在石头上。养殖条件与小榕基本相同，很容易养殖。

爬行小榕

Anubias barteri var. *nana* 'Paxing'

天南星科 / 改良品种
光量：□　CO$_2$量：●　底床：▲ ▲

叶片呈狭椭圆形，锐形叶尖，长3～3.5cm，宽1.4～1.6cm，叶柄长1.6～2cm。有些叶片边缘比较平滑，有些呈缓缓的波浪状，并向上弯曲。茎向水平方向伸展，横向生长，不会太高。在小型水草中，形态比较有特色。养殖条件与小榕基本相同，附着能力与皮实程度也基本相同。可利用它的葡匐习性，置于前景，不过一定不要深植，不要把茎埋进底床。

盆栽小榕

Anubias barteri var. *nana* 'Bonsai'

天南星科 / 改良品种
光量：□　CO$_2$量：●　底床：▲ ▲

小榕的变种，体型较小，高度降低了5cm左右。叶幅较窄，叶色浓郁，给人一种锐利的印象。即使在小型草缸中也很容易使用，外形十分雅致，没有土气感，是造景中的经典水草。与小榕一样，非常皮实，不过生长速度相对缓慢。目前，从海外多家水草养殖场均有进口，其中荷兰产的产品最具代表性。

喀麦隆小榕

Anubias barteri var. *nana* 'Cameroon'

天南星科 / 分布：喀麦隆
光量：☐　CO₂量：●　底床：▲ ▲

在世界各国的水草养殖场均有出产，不过野生种只分布于喀麦隆。叶呈狭卵形至卵形不等，叶色由绿色至深绿色，叶片边缘呈缓缓的波浪状。锐形叶尖，上有短凸起。水榕类水草的特征是花朵比叶高，本种也不例外。野生种在刚购入时，必须保证良好的养殖环境，等适应草缸环境后就会和其他人工养殖的产品一样皮实。

硬币榕

Anubias barteri var. *nana* 'Coin Leaf'

天南星科 / 改良品种
光量：☐　CO₂量：●　底床：▲ ▲

最初产自中国，后来传到了东南亚与欧洲等，流通范围越来越广泛。硬币榕，顾名思义，叶片为圆形，给人一种在芭特榕的基础上又叠加了小榕的感觉，十分可爱。在小型草缸中可用来代替芭特榕。也许是叶色十分浓郁的关系，整体看上去十分自然，完全感觉不出这是改良品种，造景时十分方便。尤其适合搭配小榕的小型品种，不妨一试。

眼榕

Anubias barteri var. *nana* 'Eyes'

天南星科 / 改良品种
光量：☐　CO₂量：●　底床：▲ ▲

小榕的改良品种，叶片形状如同美丽的眼睛，因而也被称为"杏核眼"。叶片稍厚，叶色浓郁，株型比小榕更为小巧紧凑。形态端正，单独使用时非常好看，丛生状态也极具魅力。适用于沉稳大气的造景。与同样风格的加藤榕搭配在一起，相得益彰。可附着在沉木或石头上，养殖条件与小榕基本相同。

黄金小榕

Anubias barteri var. *nana* 'Golden'

天南星科 / 改良品种
光量：☐　CO₂量：●　底床：▲ ▲

小榕的黄金叶品种，鲜艳的黄色叶片十分美丽。由1993年中国台湾省的水草养殖场出产的变叶品种改良而来，2000年正式发布，并成为全球热销产品。养殖条件与小榕基本相同，不过容易附生块状藻类，因此一定要避免氮素过量、长时间照明及水流浑浊等问题。造景时最适合用于焦点造型，可以最先抓住观众的眼球。

长波小榕

Anubias barteri var. *nana* 'Long Wavy'

天南星科 / 改良品种
光量： □　CO$_2$量： ●　底床： ▲ ▲

长波小榕最大的特征是叶片边缘呈剧烈的波浪状起伏。虽然叶长与小榕基本相同，但由于叶幅较窄，看上去显得比较长。波浪状十分明显，用于造景时会有一种流动感，也可用作点缀。与黑木蕨、辣椒榕等搭配起来效果非常好，可以制作出具统一感的景观。养殖条件与小榕基本相同。

乳榕

Anubias barteri var. *nana* 'Milky'

天南星科 / 改良品种
光量： □　CO$_2$量： ●　底床： ▲ ▲

在繁育星尘小榕的过程中发现的日本产小榕变种，同系列的变种中还有一种纯白色的白榕（*Anubias barteri* var. *nana* 'Albino'）。本品种的叶片边缘及叶脉等处仍残留着微微的绿色，叶色本身也带有一丝黄绿色。虽然属于奇珍品种，但由于叶片中含有叶绿素，因此养殖难度并不大，是一款绝佳的改良品种。随着叶片变老，绿色的部分会逐渐增加。

迷你小榕

Anubias barteri var. *nana* 'Mini'

天南星科 / 改良品种
光量： □　CO$_2$量： ●　底床： ▲ ▲

迷你小榕的定义一直不太清晰。这是一款由中国台湾省的水草养殖场培育的品种，大小介于新加坡的袖珍小榕与荷兰的盆栽小榕之间，被称作"迷你小榕"。不过这三种小型小榕在其他水草养殖场的称呼各自不同，因此造成了名称上的混乱。虽然体型很小，但却有一种适度的存在感，使用范围非常广泛。外形完全是小型化的小榕，极富魅力。

迷你黄金小榕

Anubias barteri var. *nana* 'Mini Golden'

天南星科 / 改良品种
光量： □　CO$_2$量： ●　底床： ▲ ▲

黄金小榕的小型品种。同样由中国台湾省的水草养殖场开发，但与培育出黄金小榕的并非同一家。叶色的明亮程度略逊于黄金小榕，但色彩自然，应用场景广泛。即使养殖环境良好，也不会长到黄金小榕那么大，这也是它的魅力之一。可配置在大型沉木旁，用于表现阳光透过树叶缝隙照进来时迎光的一面。

袖珍小榕

Anubias barteri var. *nana* 'Petite'

天南星科 ／ 别名：袖珍榕、迷你榕 ／ 改良品种
光量：☐ CO₂量：● 底床：▲ ▲

小榕的小型品种之一，叶长 1～1.5cm，宽 0.5cm，即使健康生长，体型也能保持小巧，属于人气品种。目前世界各地都有生产，但原始版本来自新加坡的水草养殖场，体型也最小。叶片平滑，非常雅致。由于体型小巧，不仅可附着在沉木和石头上，还可用作前景草或底草。

平托榕

Anubias barteri var. *nana* 'Pinto'

天南星科 ／ 改良品种
光量：☐ CO₂量：● 底床：▲ ▲

由德国的水草养殖场培育出的带斑点的小榕品种。叶片整体布满白色斑点，尤其是新叶，有时甚至会变成纯白色，属于优良品种。体型比小榕略小，生长速度缓慢。养殖时，除了要保证强光照射，添加 CO₂ 外，添加肥料效果也不错。造景时，与深色的水草、沉木或石头搭配起来，能形成对比，令本种的魅力更为突出。

星尘小榕

Anubias barteri var. *nana* 'Star Dust'

天南星科 ／ 改良品种
光量：☐ CO₂量：● 底床：▲ ▲

小榕的小型改良品种，叶片上有独特的斑纹图案。主脉上有一道白线，如同流星划过的痕迹，四周飘散着细碎的星尘，故名"星尘小榕"，造型十分时尚。养殖条件与小榕基本相同，可附着在沉木或石头上。叶长 2cm 左右，适用于小型草缸，图案并不过分花哨，可进行丰富多彩的组合。此外，丛生状态也十分优美，值得花时间用心栽培。

厚叶小榕

Anubias barteri var. *nana* 'Thick Leaf'

天南星科 ／ 改良品种
光量：☐ CO₂量：● 底床：▲ ▲

小榕的改良品种，特点是叶片较厚，明显比小榕叶片厚很多。体型更加紧凑小巧，生长速度缓慢。叶片纵向收缩，横向伸展，因此叶片面积似乎一下子缩减了很多，看上去好像被挤压了一样。叶色浓郁，因此质感较硬。造景时，可用来突出风格，也可作为一个亮色的点缀，搭配浓郁的红色效果也不错。

波叶小榕

Anubias barteri var. *nana* 'Winkled Leaf'

天南星科 ／ 改良品种
光量： ☐　**CO₂量：** ●　**底床：** ▲ ▲

外观独特的改良品种，叶片上有很多皱褶。体型比小榕小，高5 ～ 7.5cm，叶长 3 ～ 5cm。特点在于叶片形状多样，有的叶片表面有很多小凹凸，有的叶片扭曲，有的叶片边缘呈波浪状，还有的叶片上带有黄绿色斑纹图案。养殖条件与小榕基本相同。对环境要求不高，生长速度比较缓慢。在造景中甘当配角，完美地衬托出主角的优点。搭配石头效果也不错。

黄心小榕

Anubias barteri var. *nana* 'Yellow Heart'

天南星科 ／ 改良品种
光量： ☐　**CO₂量：** ●　**底床：** ▲ ▲

小型水草，特点在于明亮的叶色。新叶的青柠绿色十分鲜艳，引人注目。高 5cm 左右。叶幅较窄，属于窄叶系品种，叶片表面的皱褶不明显，给人一种平坦清爽的印象，不会给人以沉重的感觉。适合与叶色明亮的有茎草搭配在一起，在明亮的照明下会显得更漂亮。养殖条件与小榕基本相同。

绿波辣椒榕

Bucephalandra sp. 'Green Wavy'

天南星科 ／ 分布：婆罗洲岛（加里曼丹岛）
光量： ☐　**CO₂量：** ●　**底床：** ▲ ▲

倒披针形的叶片边缘呈缓缓的波浪状起伏，叶色为鲜艳的绿色。同属的水草大多色调素雅，因此，本种明亮的色彩显得格外醒目。出产于泰国的水草养殖场，是最常见的辣椒榕之一。不仅可附着在石头和沉木上，还可直接种在地上。不过注意不要深植。适合与色调接近的铁皇冠搭配在一起，也可以一起附着在石头或沉木上。

绿波阔叶辣椒榕

Bucephalandra sp. 'Green Wavy Broad Leaf'

天南星科 ／ 分布：婆罗洲岛（加里曼丹岛）
光量： ☐　**CO₂量：** ●　**底床：** ▲ ▲

大型辣椒榕。虽然已知的同属大型水草不只这一种，但目前只有本种在水草养殖场中生产，并在市场上流通。虽然外形看上去很复杂，但非常容易养殖。生长速度缓慢，在适应草缸环境之前还需多加注意。勤换水并添加 CO₂，效果会很好。附着在小石块上以后，置于中景比较便于管理。

柯达岗辣椒榕

Bucephalandra sp. 'Kedagang'

天南星科 ／ 分布：婆罗洲岛（加里曼丹岛）
光量：☐ **CO₂量：**● **底床：**▲ ▲

辣椒榕中的普及种，比较常见。生长速度较快，容易养殖，可以很方便地附着在石头或沉木上，造景时使用便利。叶片边缘呈细小的波浪状，叶色为浓郁的红棕色，此外，叶柄的红色隐约可见，也不失为一种点缀。适用于素雅风格的造景，尤其适合用于棕色系的椒草造型中。欧洲市场上似乎也有类似本种的产品。

红辣椒榕

Bucephalandra sp. 'Red'

天南星科 ／ 分布：婆罗洲岛（加里曼丹岛）
光量：☐ **CO₂量：**● **底床：**▲ ▲

倒披针形的叶片长 4 ~ 6cm，宽 2 ~ 4cm。叶片边缘呈波浪状，水中叶比水上叶更为明显。叶色由深绿色至红色不等。草缸养殖时，红色的茎也十分好看。既可附着在石头或沉木上，也可直接种在地上，不过注意不要伤到茎。特别是在底床上，如果种植过深，容易腐败，因此，如果有根的话，把根轻轻插进底床即可。

光芒辣椒榕

Bucephalandra sp. 'Theia'

天南星科 ／ 分布：婆罗洲岛（加里曼丹岛）
光量：☐ **CO₂量：**● **底床：**▲ ▲

叶呈倒披针形至倒卵形，根据光量不同，叶色会在红色至深绿色之间变化。若想发色更美，必须注意不能附生藻类，同时还要保证强光照射。如果附着在沉木上，且距离光源较近时，可借助小虾等进行除藻，控制藻类的生长。也可地植。不过，为了防止被周围的水草覆盖，还是附着在小石块上比较保险。

比布利斯辣椒榕

Bucephalandra sp. 'Biblis'

天南星科 ／ 分布：婆罗洲岛（加里曼丹岛）
光量：☐ **CO₂量：**● **底床：**▲ ▲

倒披针形的叶片边缘呈缓缓的波浪状起伏，新长出的叶片为浅棕色，然后颜色逐渐变为浓郁的绿色，有时还会呈现出浓郁的红棕色。生长速度缓慢，因此很容易附生藻类，必须严格控制水质，注意勤换水。比起地植来，更适合附着在石头或沉木上。最好用小镊子等进行固定，不要让它摇晃，注意不要伤到茎，新根长出后比较好养殖。

罗瑟电光榕

Schismatoglottis roseospatha

天南星科 / 分布：婆罗洲岛（加里曼丹岛）
光量： □ **CO₂量：** ● **底床：** ▲ ▲

叶呈狭椭圆形，长9～22cm，宽1.5～4.5cm，整体高度约为30cm。叶柄能长到24cm，不过在水中通常都在8cm以下。水中养殖非常容易，可附着在石头或沉木上。为了填满水草与沉木之间的缝隙，可用小镊子等进行固定，但注意不要损伤根茎。与蕨类、莫丝、辣椒榕等组合在一起，会显得十分自然。单独使用本种形成丛生状态，景观效果也十分优美。

美国凤尾苔

Fissidens fontanus

凤尾藓科 / 别名：美国莫丝、美国凤尾藓
分布：北美洲
光量： □ □ **CO₂量：** ● ● **底床：** ▲ ▲

凤尾藓属水草，绿色的叶片纤细柔嫩，色泽优美，极具魅力。可附着在沉木等上面，另外，市场上也有日本繁殖的产品以拆散成根的方式在售。与以前相比，养殖难度已降低很多。养殖条件与新加坡莫丝基本相同。喜较低的水温，因此，夏季高温时，最好使用空调或风扇降温。此外，添加CO₂和勤换水，效果也不错。

爪哇莫丝

Taxiphyllum barbieri

灰藓科 / 分布：亚洲
光量： □ **CO₂量：** ● **底床：** ▲ ▲

能够在草缸中养殖的水生苔藓植物中，爪哇莫丝是最皮实的。无需任何特殊设备就能茁壮生长，因此可用作鱼类的产卵床，深受鱼缸爱好者的欢迎。造景时，可将它附着在沉木或石头上。附着时应铺成薄薄的一层，不要彼此重叠，可绑一些棉线或鱼线加以固定。大约1个月后就能够长出新叶，造型十分优美。

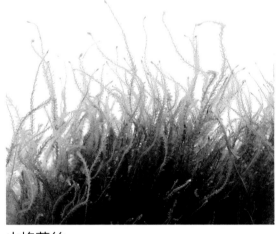

火焰莫丝

Taxiphyllum sp. 'Flame'

灰藓科 / 分布：亚洲
光量： □ **CO₂量：** ● **底床：** ▲ ▲

Flame是火焰的意思。火焰莫丝的叶片向上直立生长，的确很像熊熊燃烧的火焰。在众多扁平类的水草当中，显得极具个性，造景时，很难忽视它的独特魅力。经典用法是绑在沉木或石头上，令其自由生长，不过，欧洲造景师常常用它来表现针叶树，也很有趣。最好使用鱼线等不容易溶化的材料进行捆绑固定。

针叶莫丝

Taxiphyllum sp. 'Spiky'

灰藓科
分布：东南亚
光量：☐ **CO₂量：**● **底床：**▲ ▲

体型比新加坡莫丝更大，会长成前端尖锐的锐角三角形。如果长势良好，整体形态就会像大型的蕨类植物一样，很有震撼力。由于枝叶都比较粗放，稍微铺厚一点会更漂亮。不过，与其他莫丝一样，如果铺得过厚，容易出现剥落。生长速度较快，一定要提早处理。能够适应光线较暗的环境，因此也可置于有茎草的阴影等处。

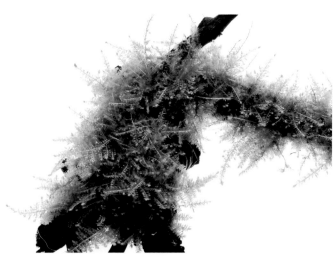

新加坡莫丝

Vesicularia dubyana

灰藓科
别名：海岛明叶藓、南美莫丝、圣诞莫丝（卓必客）
分布：热带亚洲
光量：☐ **CO₂量：**● **底床：**▲ ▲

如果长势良好，可形成非常优美的三角形，层层叠叠地生长。形态优美，在水生苔藓植物中属于顶级水平。保证强光照射并添加 CO₂，效果会很好。基本上每周需换一次水，每次换三分之一左右。开始附着时，要尽量绑得薄一些，等它长起来后会越来越厚，下面的水草容易枯萎，因此需适时拔掉一部分，以保证光线与水流的通畅。

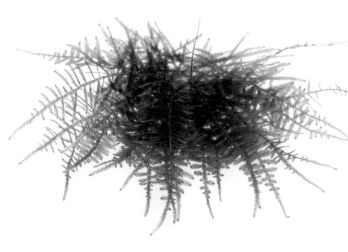

圣诞莫丝

Vesicularia montagnei

灰藓科
别名：明叶藓
分布：热带亚洲
光量：☐ **CO₂量：**● **底床：**▲ ▲

叶呈宽卵形。与新加坡莫丝和垂泪莫丝不同，本种的叶尖为短凸头，给人一种尖锐坚硬的印象。整体为长三角形，很像圣诞树。草缸养殖时，在灯光照射下叶片会反光发白，看上去十分干燥，这一点也给人以深刻的印象。无论搭配色彩明亮的有茎草，还是色彩浓郁的蕨类植物，都能把对方的魅力完美地衬托出来。

柔枝莫丝

Fontinalis hypnoides

水藓科

别名：羽枝水藓

分布：广泛分布于北半球

光量：☐　CO₂量：●　底床：▲ ▲

虽然日本也有出产，不过海外产的产品对水温要求不高，更容易养殖。绿叶颜色十分漂亮，平坦柔顺，不会折叠起来。喜流水，因此最好将过滤器的出水部分利用起来，或再单加一个水泵。喜明亮的环境，虽然是莫丝，但千万不要减少照明。附着力较弱，一定要用鱼线等绑好。

东亚黄藓

Distichophyllum maibarae

油藓科

分布：中国、东南亚、印度

光量：☐　CO₂量：●　底床：▲ ▲

茎长 2cm 左右，斜向上生长，偶有分枝。扁平的叶片长势较密，叶尖宽而尖锐。水中茎很长，叶片也伸展开，看上去像小的有茎草。自然环境下，主要丛生于潮湿的岩石上。也许正因如此，它们与石头的亲和力很强，搭配起来效果很好。附着能力较弱，最好使用鱼线或不锈钢网固定。添加 CO₂，效果会更好。

龙须莫丝

Leptodictyum riparium (Amblystegium riparium)

柳叶藓科

别名：薄网藓、云维莫丝、柳叶藓、泡沫莫丝

分布：广泛分布于世界各地

光量：☐　CO₂量：●　底床：▲ ▲

在世界各地都很常见的广域分布物种。经常能看到它们密密麻麻地附着在水道的墙壁上。茎很细，叶呈披针形，叶尖细长尖锐，整体感觉非常锐利。在静止水域中也能生长，不过在流水中形态更美。在草缸中养殖时，最好也准备好流水，注意预防高温。与带状水草搭配起来效果最好。光合作用时叶片上会出现很多气泡，这也是本种的魅力之一。

喀麦隆莫丝

Plagiochila sp. 'Cameroon moss'

羽苔科 / 别名：喀麦隆羽苔
分布：喀麦隆
光量：□ **CO$_2$量：**● **底床：**▲ ▲

茎斜向上生长，叶呈卵形至矩形不等，绿褐色，覆瓦状排列。有一定的附着力，可绑在沉木或石头上欣赏。多与原产地相同的水榕类或黑木蕨类水草搭配在一起，不过搭配铁皇冠或辣椒榕，效果也不错。把叶片养长一些，让它自然垂落下来也很美。由于生长速度较慢，一定要严格控制水质，同时可养一些小虾，以预防叶片上附生藻类。

鹿角莫丝

Apopellia endiviifolia（*Pellia endiviifolia*）

溪苔科 / 别名：花叶溪苔、紫溪苔
分布：中国、日本、印度等
光量：□ **CO$_2$量：**● **底床：**▲ ▲

不仅在水边，在寺庙、公园、私家庭院等建筑物北侧的潮湿裸露的土地上，都能常常见到鹿角莫丝。叶状体略带紫红色，因此别名"紫溪苔"。用作草缸观赏植物的历史比较悠久，在水中，叶片通常为绿色，薄薄的，带有一种透明感，十分美丽。附着时最好装在网子里，或用鱼线绑紧一些，以免散开。添加 CO$_2$，生长会更好。

迷你珊瑚莫丝

Riccardia graeffei

绿片苔科 / 别名：迷你溪苔、泰国莫丝
分布：热带亚洲、澳大利亚、太平洋群岛
光量：□ **CO$_2$量：**● **底床：**▲ ▲

在草缸中养殖的苔藓植物中，像新加坡莫丝那样的藓类植物有很多，但苔类植物却很少。其中，迷你珊瑚莫丝就是为数不多的苔类植物之一，也是目前在全世界范围内流行的造景莫丝的先驱之一。非常容易养殖，附着方法也很简单。与沉木或石头搭配起来效果都很好。生长时会反复层叠，因此必须适时进行剥离，否则下面的水草容易腐烂，突然脱落，需特别注意。

大鹿角苔

Monosolenium tenerum

单月苔科 / 别名：鹿角莫丝、单月苔
分布：中国、日本、爪哇、印度、夏威夷等
光量：□ **CO$_2$量：**● **底床：**▲ ▲

深绿色、半透明的叶状体在水中十分醒目。基本上比较容易养殖，对水温、水质、光照都没有太高要求。不过，若想养得漂亮，还应准备良好的养殖环境，注意添加 CO$_2$ 和充足的氮肥。附着时最好装在网子里，或用鱼线绑紧一些，以免散开。长势旺盛，很快就能长成厚厚的一团，因此多附着在石头上，用于中景。

鹿角苔

Riccia fluitans

钱苔科 / 别名：叉钱苔
分布：广泛分布于世界各地
光量：□□　**CO$_2$量：**● ●　**底床：**▲ ▲

苔藓植物的一种。虽然田间等地常常能见到陆生状态的鹿角苔，但它原本属于漂浮植物，生活在水中。草缸养殖时，多放在网中沉到水底，以防它浮起来。以前曾是经典的前景草，但遗憾的是，近年来能见到它的机会越来越少。光合作用时，叶片上会出现很多气泡，十分漂亮，能令人深刻感受到植物乃至整个自然界的美好，这也是鹿角苔重要的价值之一。

三叶蕨

Bolbitis heteroclita

鳞毛蕨科 / 别名：长叶实蕨
分布：中国、日本、印度至新几内亚
光量：□□　**CO$_2$量：**● ●　**底床：**▲ ▲

根茎很长，横向生长。叶片为单羽状，叶柄长 20cm 左右，顶端有长约 25cm 的顶羽片和长约 10cm 的侧羽片。侧羽片不超过 5 对，通常在市场上流通的产品都只有 1 对侧羽片。通过顶羽片上的无性芽可进行繁殖。生长速度非常缓慢。水中叶具透明感，非常美丽。喜新鲜水质与流水。应注意保持较低 pH 值。

矮三叶蕨

Bolbitis heteroclita 'cuspidata'

鳞毛蕨科 / 别名：迷你黑木蕨
分布：菲律宾（吕宋岛）
光量：□□　**CO$_2$量：**● ●　**底床：**▲ ▲

三叶蕨的矮生变种之一，在草缸内高 10cm 左右。体型比婴儿叶三叶蕨略大，但仍属于小型水草。不仅可在沼泽缸中养殖，也可在水草缸中养殖。在本页同属的 3 个种当中，是最适合水下使用的。喜新鲜水质，一定要勤换水，不要忘记添加 CO$_2$。与同属的黑木蕨具有截然不同的风情，可用于小型草缸。

婴儿叶三叶蕨

Bolbitis heteroclita 'difformis'

鳞毛蕨科 / 别名：婴儿叶实蕨、迷你三叶蕨
分布：菲律宾（内格罗斯岛）
光量：□□　**CO$_2$量：**● ●　**底床：**▲ ▲

除了一般的通用名以外，也被称作"迷你三叶蕨"，是三叶蕨的矮生变种。在草缸内高约 5 ~ 7cm，属于小型水草。difformis 在拉丁语中是"形状怪异"的意思，它的外形看上去与三叶蕨相差甚远，以前甚至一直被认为是不同的种。养殖条件与三叶蕨基本相同，不过在草缸中养殖的难度较大。养在沼泽缸中可以更轻松地欣赏它与众不同的形态。

黑木蕨

Bolbitis heudelotii

鳞毛蕨科
分布：非洲
光量： ☐ **CO₂量：** ● **底床：** ▲ ▲

非洲最具代表性的水生蕨类植物。深绿色的叶片具透明感，是非常漂亮的人气水草。可附着在沉木或石头上，是造景中不可或缺的元素。固定在沉木或石头上时，注意不要伤到根茎，大约附着几周后即可生根。草缸养殖时，应保持水质新鲜，添加 CO₂，保证适度的流水。与产地相同的水榕搭配在一起，效果卓群。请一定要尝试一下这种组合。

铁皇冠 ⋃

Microsorum pteropus

水龙骨科 / 别名：有翅星蕨
分布：亚洲的温暖地区
光量： ☐ **CO₂量：** ● **底床：** ▲ ▲

草缸内的水中叶一般为单叶，长披针形。光线较强时，偶尔会长出三裂羽状复叶。叶长 30cm，宽 5cm 左右，根据产地不同，体型大小与形状也会有所不同。对光线较暗的环境适应力很强，对养殖设备要求也不高。用扎带等固定在沉木或石头上时，注意不要伤到根茎。固定好后，很容易着生。

APC 日出铁皇冠

Microsorum pteropus 'APC Sunrise'

水龙骨科 / 分布：印度尼西亚
光量： ☐ **CO₂量：** ● **底床：** ▲ ▲

大型水草，中央裂片较宽，叶片边缘有很多细长尖锐的裂片，有时还会有很深的缺刻，看上去十分华丽。虽然原生地位于热带地区，但主要生活在茂密森林中幽暗的溪流沿岸，每天都沐浴着溅起的溪水，因此耐热性较差，注意水温不要超过 27℃。除了及时冷却外，勤换水效果也不错。

阔叶铁皇冠

Microsorum pteropus 'Broad Leaf'

水龙骨科 / 分布：东南亚
光量： ☐ **CO₂量：** ● **底床：** ▲ ▲

大型水草，高 20 ~ 50cm，株型较宽，叶片纤薄柔软是其特征之一。十分皮实，能适应草缸生活，而且不容易感染水羊齿病。通常铁皇冠都会附着在沉木或石头上，但本种属于大型水草，可直接种在地面上。不过，如果根、叶拥挤的话，容易引起水流不畅，导致水羊齿病，因此一定要尽早修剪。

耙叶铁皇冠

Microsorum pteropus 'Fork Leaf'

水龙骨科 / 改良品种
光量：☐　CO₂量：●　底床：▲ ▲

叶片上有很多细长的侧裂片，形状像耙子，故名"耙叶铁皇冠"，属于中型水草。如果光线过强，侧裂片会变宽，特征就会不太明显。虽然不添加 CO₂，叶片也不会枯萎，但添加 CO₂ 后，叶片状态会更好。尤其是光线比较强烈时，添加 CO₂ 可以预防藻类滋生。长势旺盛，抗病性强，非常容易养殖。

火焰铁皇冠

Microsorum pteropus 'Flaming'

水龙骨科 / 分布：东南亚
光量：☐　CO₂量：●　底床：▲ ▲

小型水草，叶长 10cm，宽 1cm 左右。最大的特点是叶片整体呈波浪状，看上去仿佛摇曳的火焰。与名称由来相同的火焰莫丝、红火焰皇冠草等搭配起来会很有趣。虽然体型较小，但体积感十足，即使用在小型草缸中，也能欣赏到它极具存在感的身姿。比外形看上去更皮实，非常容易养殖。

迷你窄叶铁皇冠

Microsorum pteropus 'Narrow Mini'

水龙骨科 / 分布：东南亚
光量：☐　CO₂量：●　底床：▲ ▲

顾名思义，它是一种细叶的小型水草。叶片边缘呈缓缓的波浪状起伏，叶片也略带波浪形。无论是附着在沉木上还是石头上，都很美。可与其他不同大小的铁皇冠类水草组合在一起，营造出一种远近感。使用金卤灯时，细叶系的水草通常叶片会变硬、变短，而使用 LED 灯时，则不会出现这种现象，因此，应注意有选择性地使用照明器材。

袖珍铁皇冠

Microsorum pteropus 'Petite'

水龙骨科 / 改良品种
光量：☐　CO₂量：●　底床：▲ ▲

叶幅较窄，体型大小只有铁皇冠的一半，属于小型水草。叶片表面的凹凸十分明显，叶片边缘呈波浪状，形态极富个性。据说最早出现在德国的水草养殖场，是在培育更小型的铁皇冠时，通过组织培养繁殖出来的。叶片会缓缓弯曲，因此与火焰莫丝搭配在一起会很有趣。比起收集来，直接用于实际的造景更为方便。

菲律宾铁皇冠

Microsorum pteropus 'Philippine'

水龙骨科 / **分布：菲律宾**
光量： ☐ **CO₂量：** ● **底床：** ▲ ▲

中型水草，特点是叶片上的叶脉为网状脉，排列规则。不易感染水羊齿病，很容易养殖。不过，生长速度较慢，需花费很长时间养殖。通常，胡须状藻类比较喜欢这种长时间不变的草缸环境，因此，本种的养殖难点就在于容易附生胡须状藻类。若想解决这一问题，可以养一些大和藻虾和黑线飞狐鱼，它们可以起到很好的预防作用。

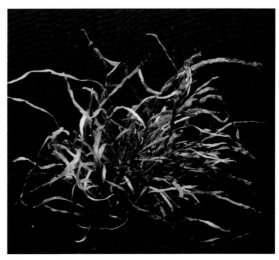

真窄叶铁皇冠

Microsorum pteropus 'Real Narrow'

水龙骨科 / **分布：泰国**
光量： ☐ **CO₂量：** ● **底床：** ▲ ▲

真窄叶铁皇冠是窄叶变种中最具代表性的一种。本种的魅力在于叶片呈波浪状，绿色浓郁。单独作为造景的主角时，十分引人注目，不过，作为配角来衬托其他水草，效果更是一流。与细叶的有茎草搭配在一起时，窄叶系的铁皇冠比普通铁皇冠效果更好。除本种外，还有"半窄叶铁皇冠（*Microsorum pteropus* 'Semi Narrow'）"、"窄窄叶铁皇冠（*Microsorum pteropus* 'Narrow Narrow'）"等多种窄叶型铁皇冠，可根据不同用途进行选择。

小叶铁皇冠

Microsorum pteropus 'Small Leaf'

水龙骨科 / **分布：泰国**
光量： ☐ **CO₂量：** ● **底床：** ▲ ▲

极具人气的小型水草，市场流通历史悠久。由于体型小巧，可用于多种不同场合，适合从小到大各种不同型号的草缸。不仅形态独特，而且方便好用，深受人们欢迎。水温超过27℃后，容易感染水羊齿病，因此至少在夏季气候炎热的几个月，要用草缸用风扇或空调，及时调节水温。

剑叶铁皇冠

Microsorum pteropus 'Sword Leaf'

水龙骨科 / **分布：东南亚**
光量： ☐ **CO₂量：** ● **底床：** ▲ ▲

剑叶铁皇冠的叶幅较窄，给人一种尖锐的印象。绿叶直立生长，高度能达到20～30cm，属于中大型水草。非常容易养殖。铁皇冠的叶片原本就比较密集，因此注意不要过度密植，否则会影响水流通畅，容易感染水羊齿病。应随时去除老叶，防止水流浑浊。

雷神之锤铁皇冠

Microsorum pteropus 'Thors Hammer'

水龙骨科 / **分布：不详**
光量： ☐ **CO₂量：** ● **底床：** ▲ ▲

以北欧神话中的雷神之锤命名的一款水草。与鹿角铁皇冠一样，本种的特征也在于叶尖，不过它的叶尖更宽，不像鹿角铁皇冠一样叶尖会变窄。分枝不仅位于叶尖，整体形态与大铁皇冠（*Vallisneria australis* 'Gigantea'）十分相似，如同雷神之锤的名字一样，给人一种充满力量的感觉。存在感十足，造景时，可附着在熔岩石上，放在较低的位置作为点缀也不错。对环境要求不高，按照基本的条件养殖即可。

鹿角铁皇冠

Microsorum pteropus 'Windelov'

水龙骨科 / **分布：泰国**
光量： ☐ **CO₂量：** ● **底床：** ▲ ▲

中央裂片的顶端细裂，形成狮子叶 ❶ 的形状。这种造型奇特的叶片在蕨类植物中比较常见。中型水草，高 10 ~ 20cm，体型较细，容易养殖。同属的水草通常被认为是阴性植物，喜欢生活在较暗的环境里，但事实上，草缸养殖时，需保持明亮的环境，光量应与普通的有茎草相同。

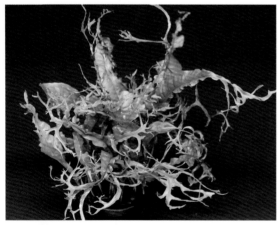

疯狂鹿角铁皇冠

Microsorum pteropus 'Windelov Crazy Leaf'

水龙骨科 / **分布：不详**
光量： ☐ **CO₂量：** ● **底床：** ▲ ▲

与鹿角铁皇冠同为狮子叶型水草。不过，与鹿角铁皇冠相比，本种的特点是开裂数量少，裂片长度更长，给人一种清爽的感觉。中型水草，也可作为窄叶系铁皇冠来使用。包括本种在内，所有同属的水草在水温高、水质浑浊等不良环境下都容易感染水羊齿病。染病后的水草叶色会变成褐色或黑色，继而枯萎。而且一旦染病，这种症状就会不断蔓延扩散，因此，必须提前做好预防措施。

波叶铁皇冠

Microsorum pteropus 'Wrinkled Leaf'

水龙骨科 / **分布：印度**
光量： ☐ **CO₂量：** ● **底床：** ▲ ▲

与同样产自印度的绿地精铁皇冠（*Microsorum pteropus* 'Green Gnome'）不同，本种叶尖呈锐角，又尖又细。它的主要特征是叶片上带有褶皱，故名"波叶铁皇冠"。不考虑体型大小的话，外形与普通铁皇冠十分相似。附着在沉木或石头上后，移动非常方便。比如，当四周的有茎草十分茂盛时，水流就会受阻，这时，如果是附着在石头上，就可以很方便地移开。最好移动到水流通畅、光线良好的位置上。

❶ 狮子叶：叶尖分裂，向外卷曲，状如细菌的叶片，被称作狮子叶。

其他水草图鉴

在开放式草缸中，水面会暴露在外，没有器具遮挡，这时，可使用浮萍等水草作为造景的素材。不要拘泥于既有的造景形式，只要能将水草自身所具有的魅力发挥出来，就很可能创造出一种全新的水草造景形式。

水草种类 30 种：(471 ~ 500)/500 种

菱叶丁香蓼

Ludwigia sedioides

柳叶菜科
别名：黄花菱
分布：中美洲、南美洲
光量：☐ ☐ CO₂ 量：— 底床：▲

从名字中可以看出，本种的叶片呈菱形，是一款形态独特的丁香蓼属水草。有很多直径 1cm 左右的浮叶，总叶片直径大约 10 ~ 15cm。叶色多样，从绿色至深红色不等，极具装饰性。草缸养殖时，需配备金卤灯等强力照明工具，如有可能，最好准备更强的光源。能在室外阳光照射下养殖最为理想。如果营养成分足够丰富，还可观赏到醒目的黄色花朵。

兰氏萍

Landoltia punctata

天南星科 / 别名：少根紫萍、少根萍
分布：中国、日本、大洋洲至波利尼西亚
光量：☐ CO₂ 量：— 底床：▲ ▲

叶与茎变形后形成叶状体，既有光泽，又有颜色，看上去仿佛浮萍类的叶片，极具观赏价值。只要能控制好数量，也可置于陆族缸中赏玩。

青浮草

Lemna aoukikusa

天南星科 / 分布：日本
光量：☐ CO₂ 量：— 底床：▲ ▲

日本特有的漂浮植物，水田等地经常可以见到。喜温暖明亮、营养丰富的环境，在草缸中也很容易繁殖，甚至会爆发式增长。一年生植物，种子越冬，开春后发芽。

浮萍

Lemna minor

天南星科
分布：世界各地（除南美大陆以外）
光量：☐　CO$_2$量：—　底床：▲ ▲

叶状体呈宽椭圆形，左右形状对称。特点是叶片稍厚。根只有一条，根冠钝头，根鞘无翅，这一点与青浮草不同。常绿植物，冬季也不会枯萎，能保持叶状体形态越冬。

单脉萍

Lemna minuta

天南星科 / 别名：南美浮萍
分布：南美洲（东亚、欧洲均有归化现象）
光量：☐　CO$_2$量：—　底床：▲ ▲

耐寒性较强，能保持叶状体形态越冬。生长力旺盛，而且个头很小，很难完全去除，不过它可以起到吸收多余的养分和遮挡过度强光的作用。

品藻

Lemna trisulca

天南星科
分布：世界各地（除南美大陆以外）
光量：☐ ☐　CO$_2$量：●　底床：▲ ▲

水生植物，悬浮于水面附近。叶状体呈"品"字形，因此被命名为"品藻"。极具透明感，在同属水草中大放异彩。比较容易在草缸中养殖，最好使用水草泥，添加 CO_2 并保证强光照射。

紫萍

Spirodela polyrhiza

天南星科
分布：世界各地（除南美大陆与新西兰以外）
光量：☐　CO$_2$量：—　底床：▲ ▲

叶状体长 3 ~ 10mm，宽 2 ~ 8mm，体型较大，非常醒目。叶片极具光泽，观赏价值很高。数量也比较容易控制，很好养殖。多年生植物，也可在室外的水体中栽培、繁殖。

无根萍

Wolffia globosa

天南星科
分布：世界各地（含归化种）
光量：▢ **CO$_2$量：**— **底床：**▲ ▲

不足 1mm 的微小漂浮植物。无根。是世界上最小的种子植物之一，花也被认为是世界上最小的，很难用肉眼观察到。草缸养殖的难度非常高，比较适合室外的水钵养殖。

水金英

Hydrocleys nymphoides

泽泻科 / 别名：水罂粟
分布：中美洲、南美洲
光量：▢▢ **CO$_2$量：**— **底床：**▲ ▲

叶片观赏价值很高，可在水钵或开放式草缸中赏玩。花柄能伸出水面 10cm 左右，开黄花，三片花瓣。主要繁殖方式为营养繁殖。可在深水钵中越冬，注意不要将它释放到室外。

圆心萍 ▢

Limnobium laevigatum

水鳖科 / 别名：亚马孙水鳖
分布：南美洲
光量：▢▢ **CO$_2$量：**— **底床：**▲ ▲

漂浮植物，叶片背面呈海绵状膨胀，可浮在水面上。只要环境条件合适，就会长出走茎，繁殖速度很快。根据产地不同，形态会有所差异，有些小型品种叶片上有明显的虎斑。为了防止生态系统遭到破坏，一定不要将它释放到室外。

水剑叶

Stratiotes aloides

水鳖科 / 分布：欧洲
光量：▢▢ **CO$_2$量：**— **底床：**▲ ▲

夏季会长到水面上来，冬季则沉到水下越冬。在大约 4800 万年前的化石中曾发现过本种，生态学上值得研究的地方还有很多，属于奇珍植物。学名中的"aloides"很容易令人联想起芦荟属（*Aloe*）的植物，外形也正如其名，叶片较硬，上面带有尖锐的锯齿，造型时尚，观赏价值极高。在欧洲基本都养殖在水池或水钵中，不过，作为观叶水草，也可尝试引入草缸中养殖。被叶片刺到会很痛，日常养护时需特别注意。

斑叶凤眼莲

Eichhornia crassipes 'Variegata'

雨久花科 / 别名：斑叶水葫芦 / 改良品种
光量：□□　CO₂量：—　底床：▲ ▲

凤眼莲，俗称水葫芦，是原产于南美地区的漂浮植物。本品种高
10～80cm，有时会超过100cm。叶片长5～20cm，总状花
序上大约有25朵花。叶柄中部鼓胀，形成浮囊，可漂浮在水面
上。如果在浅滩等处扎根，或长势过密时，就无法形成浮囊，并
且会长得比较高。低温环境下，叶片上的斑纹图案会比较清晰。
一定不要将它释放到室外。

水禾

Hygroryza aristata

禾本科 / 分布：中国南部、印度、斯里兰卡、泰国
光量：□□　CO₂量：—　底床：▲ ▲

在日本也可观察到好几种浮叶状态的禾本科植物，如瘦脊伪针
茅（*Pseudoraphis sordida*）等。本种的叶鞘海绵状膨胀，可
浮在水面上，已完全转为浮叶生活。绿白色的叶片长4～7cm，
宽1.5～3cm，叶面粗糙，疏水性强。在水中可短时间生活，但
秆很快就会伸出水面。草缸养殖时必须要保证强光照射。

金鱼藻

Ceratophyllum demersum

金鱼藻科 / 分布：广泛分布于世界各地
光量：□　CO₂量：●　底床：▲ ▲

沉水植物，无根，在水面下生活。茎会不断分枝，长的能达到
1m以上。叶片6～12叶轮生，长2～3.5cm，线状裂片会分
裂1～2次，每次分成两片。裂片边缘有明显的锯齿。养殖时无
需特殊设备，十分皮实，适合初学者。生长速度较快，可放在刚
装好水草泥的草缸中，用来吸收多余的养分，防止生成藻类。

墨西哥金鱼藻

Ceratophyllum demersum 'Mexico'

金鱼藻科 / 分布：墨西哥
光量：□　CO₂量：●　底床：▲ ▲

叶长3～4cm，7～11叶轮生。其他地方产的金鱼藻，如日本
产的金鱼藻，茎偶尔也会发红，而本种的茎一直是红色的，这也
是它最大的特征。再搭配上比较浓郁的绿色叶片，在草缸中观
赏价值极高。养殖方法与金鱼藻基本相同。在碱性水质中，叶片
粗糙发硬，而在酸性水质中则非常柔软。据说，在原生地，会被
用作养殖食用罗非鱼的饲料。

细金鱼藻

Ceratophyllum submersum

金鱼藻科 / 分布：广泛分布于世界各地
光量：□　CO₂量：●　底床：▲▲

外形与金鱼藻十分相似，不过本种的裂片会分裂3~4次，每次分成两片，这一点与金鱼藻有很大差异。比较二者叶尖的数量可以发现，金鱼藻有3~4片，而本种则有6~8片。此外，本种的锯齿不太明显，叶片柔软蓬松，仿佛毛笔一样，也被称为"软金鱼藻"。市场上流通的产品多产自德国或秘鲁，根据产地不同，大小、形状、颜色等也会有所差异。

水含羞草

Neptunia oleracea

豆科 / 分布：东南亚、印度、马来西亚、巴西等
光量：□□　CO₂量：－　底床：▲▲

浮叶植物，茎的四周有白色海绵状浮袋，能长到1~1.5m。羽状复叶，具8~18对长椭圆形的小叶。小叶长0.4~1.8cm，宽3mm。能进行睡眠运动。花黄色，球形的头状花序。嫩芽与茎可以食用，因此在东南亚地区被广泛栽种。外形酷似含羞草，非常有趣，可用于水面点缀，十分受欢迎。

红毛丹浮萍

Phyllanthus fluitans

叶下珠科 / 别名：浮水叶下珠 / 分布：中南美洲
光量：□□　CO₂量：－　底床：▲▲

是同科植物中比较罕见的浮生性水生植物。叶片圆形，长1~2cm。叶色变化很大，有绿色、黄色、橘色、棕色、红色等。作为彩色漂浮植物，在造景中价值极高。夏季在室外长势更好。不过，猛地被日光直射后，叶片可能会被灼伤、枯萎，因此要先放在阴凉处，慢慢适应室外条件。不喜低温及湿度较高的环境，需特别注意。适宜温度在25~28℃之间。喜弱酸性水质。

漂浮水丁香

Ludwigia helminthorrhiza

柳叶菜科 / 别名：南美浮叶
分布：从墨西哥至巴拉圭一带
光量：□□　CO₂量：－　底床：▲▲

漂浮植物，能形成海绵状浮根，上面密集地附着叶脉不明显的圆形叶片。白色的浮根最长能达到2cm左右，作为点缀，非常醒目。在浅滩上生长时，稍稍木质化的茎能匍匐生长。养殖的关键在于保证强光照射，同时要保持高水温与高气温。夏季长势旺盛。在开放式草缸中，牢牢地与沉木固定在一起，可呈现出南美地区的水边风情。

貉藻

Aldrovanda vesiculosa

茅膏菜科

分布：中国东北、日本、欧亚大陆、非洲、澳大利亚

光量：☐ CO₂量：● 底床：▲

与狸藻同为沉水性食虫植物。二者名称也很相似，但在植物分类上却属于不同的科，貉藻属于茅膏菜科，狸藻属于狸藻科。茎长 5 ~ 25cm。叶片是捕虫器官，6 ~ 9 叶轮生。包含叶柄在内，叶片全长 9 ~ 13mm。可在水体中养殖。草缸养殖时，需保持弱酸性水质，强光照射，添加 CO₂，定期施肥。在良好的环境下，可迅速大量繁殖。仅仅像个吉祥物一样漂浮在水面上也很有趣。

南方狸藻

Utricularia australis

狸藻科

分布：中国、日本、印度、非洲、澳大利亚、欧洲

光量：☐ CO₂量：● 底床：▲

水生食虫植物，广泛分布于世界各地。在中国也分布广泛，十分常见。漂浮植物，全长可达 1m。叶长 1.5 ~ 4.5cm，叶片上有很多捕虫囊，是重要的捕虫器官。花距较短，顶端钝形。花茎的断面是实心的。越冬时形成的繁殖芽为长椭圆形，颜色为接近黑色的暗褐色。在狸藻属水草中属于比较容易养殖的，无论是在草缸中还是在水钵中都能长期赏玩。

弯距狸藻

Utricularia vulgaris subsp. *macrorhiza* (*Utricularia macrorhiza*)

狸藻科 / 别名：巨根狸藻

分布：中国、日本、俄罗斯、北美洲

光量：☐ CO₂量：● 底床：▲

北方系的大型狸藻，全长 1m 以上，叶长 3 ~ 6cm，有很多捕虫囊。花距较长，尖头，先端略向上生长。花茎中空，断面上有接近直径一半的明显的孔洞。通过观察花茎与花距，可以很轻松地与近似种进行区分。繁殖芽由球形至椭圆形不等，暗绿色。可在草缸中养殖，但必须使用加热器，使水温保持在 25℃以上。叶色变浅时需添加液肥。

细叶狸藻

Utricularia minor

狸藻科 / 别名：小狸藻

分布：北半球的温带至亚寒带地区

光量：☐ CO₂量：● 底床：▲

顾名思义，它是一种小型水草。茎长 5 ~ 30cm，叶长 5 ~ 15mm。可漂浮在水中，或固定在水底。由于狸藻类水草都没有根，因此固定在水底时，地下茎会长到地下，十分活跃。水中茎上零星有几个小捕虫囊，并不明显，地下茎上则有很多大捕虫囊。栽培时有无地下茎是关键。仅有水中茎的话，水草往往会逐渐衰弱。

赭白狸藻

Utricularia ochroleuca

狸藻科 / 别名：黄白狸藻、乳黄狸藻
分布：北半球的温带至亚寒带地区
光量：▢　CO₂量：●　底床：▲

外形酷似异枝狸藻（*Utricularia intermedia*），二者的区别在于本种水中茎的叶片上有少量的捕虫囊（异枝狸藻上没有），且叶裂片的叶尖为锐形（异枝狸藻的为钝形）。开黄花，花色比异枝狸藻浅，无法形成正常的生殖器官，既没有果实，也没有种子。图片中的水草产自外国，在小型狸藻中属于最容易养殖的。地下茎会不断伸展，并不断展开水中叶，形态十分优美。

勺叶槐叶苹

Salvinia cucullata

槐叶苹（蘋）科 / 别名：勺叶槐叶蘋
分布：热带亚洲
光量：▢▢　CO₂量：—　底床：▲▲

浮生性蕨类植物。茎水平生长，不断分枝，无根。叶片表面有毛状凸起，背面有多细胞毛，可漂浮在水面上。水中叶呈根状，可吸收养分。浮叶呈漏斗状卷曲，多片叶片连接在一起，外形极具特色。不过，如果室内光线较暗，叶片会像人厌槐叶苹一样变宽、变小。保证强光照射就可以欣赏到迷人的叶姿。

粗梗水蕨

Ceratopteris pteridoides

凤尾蕨科 / 分布：南美洲、中美洲
光量：▢　CO₂量：—　底床：▲▲

大型漂浮植物。对光线、水温的适应范围很广，非常容易养殖。叶柄长 1 ~ 19cm，先端长有营养叶，长 5 ~ 19cm，宽 5 ~ 24cm。叶片为三出掌状复叶，小叶浅裂。孢子叶体型更大，形状很容易令人联想到鹿角，极具观赏价值，这也是它属名的由来。如果土壤能一直保持合适的湿度，也可作为湿生植物进行栽培。有很多无性芽，很容易繁殖。

人厌槐叶苹

Salvinia molesta

槐叶苹（蘋）科 / 别名：人厌槐叶蘋 / 分布：南美洲
（世界各地的热带~亚热带地区均出现归化现象）
光量：▢▢　CO₂量：—　底床：▲▲

茎长 5 ~ 20cm，叶长 2 ~ 3cm，宽 2 ~ 2.5cm。有大、小两种形态。大型状态下，叶片会向内折成两半，小型状态下，叶片会展开。不同状态下的人厌槐叶苹形态截然不同，宛如两个不同的物种。入秋后，根状的水中叶基部会出现孢子囊群，仿佛葡萄串一样。既可放在陆族缸中做点缀，也可用作丝足鱼或搏鱼（俗称斗鱼）的产卵床。

槐叶苹

Salvinia natans

槐叶苹（蘋）科
别名：槐叶蘋
分布：中国、日本、越南、印度、欧洲、非洲
光量：□□　**CO_2量：－**　**底床：▲ ▲**

茎长 3 ~ 10cm。偶尔会分枝。无根。3 叶轮生，其中
1 叶细裂，像根一样垂在水中。另外 2 叶对生，作为浮
叶漂浮在水面上。数排并列在一起，酷似山椒（胡椒木，
日本花椒）叶，因此在日语中也被称作"山椒藻"。虽然
是一年生植物，但只要注意不断水，在水钵里可以以孢
子形态越冬，第二年春天继续发芽。由于孢子会漂浮在
水中，因此应注意不要顺水流一起流走。

巴西槐叶苹

Salvinia oblongifolia

槐叶苹（蘋）科
别名：巴西槐叶蘋
分布：巴西东部
光量：□□　**CO_2量：－**　**底床：▲ ▲**

大型水草，叶片浮力非常强，每片叶片长 6cm，宽
2.5cm。植株最长可达 50cm，已完全超越了浮草的感
觉，十分具震撼力。原生地多为沼泽等没有流水的浅滩，
因此喜高水温与富营养的环境，只要保证强光照射，在
草缸中也能茁壮成长。置于大型草缸的深处，长出水面
后，能创造出一种非常具有南美特色的野性风格。

欧洲球藻

Aegagropila linnaei

黑孢藻科 ／ 别名：欧洲毯藻
分布：欧洲、俄罗斯、美国
光量：□　**CO_2量：●**　**底床：▲**

与日本的球藻属于同一物种。体型大小各有不同，有的
直径 2 ~ 3cm，有的直径超过 5cm。形态有些走形时，
可通过定期改变朝向来慢慢让它变圆。保持干净的水质
与适度的光照即可养殖。也可用于草缸中，但要注意保
证强光照射并添加 CO_2。造景时，有些情况下会把球形
拆散后绑在石头上。

水草名称索引

粗体字：通称及其所在页码。
细体字：别名及其所在页码。

学名索引

异形叶性

指同一植物的叶片具有两种以上不同的形状或性质，或同种植物在不同生活环境下，叶形会发生变化。

营养叶

指蕨类植物中仅进行光合作用、不产生孢子的叶片。

改良品种

指从微小的变异中选育出的品种，具有对人类有帮助的新性质。

学名

指用拉丁语记载的世界通用名称。用属、种及命名者来表示（本书中省略了命名者）。

花茎

指从地表伸出的、顶端连接着花或花序的茎，通常花茎上没有叶片。

附着性水草

指根部等牢固地附着在沉木或石头上生长的水草。

花柄

指支撑着一朵花的柄状部位。

秆

指禾本科植物的茎。有明显的节和节间。也会用于莎草科植物，但与定义不符，并不准确。

水上叶

水草在水外生活时的叶片。具有与普通的陆地植物同样发达的机械组织。

花距

指花叶基部膨胀起来或伸长成管状，用来储存花蜜的部分。

原生种

指用来培育品种的野生植物。

杂交种

指遗传基因不同的个体之间通过交配产生的物种。既可自然完成，也可人工完成。

根茎

指位于地下的球茎、块茎等所有普通茎，非特殊茎。

根生叶

看上去仿佛是从地下的根上长出的叶片，其实是长在地上茎基部的节上。在水族界通常被称作放射状水草。

CO₂

二氧化碳的化学式。植物进行光合作用时必须使用二氧化碳，但水族箱内，尤其是草缸内，并没有足够的二氧化碳，因此通常要使用小型高压气罐强制添加。

雌雄异株

单性花植物，雄花与雌花不同株。

睡眠运动

夜间，叶片由基部开始，叶尖向上移动，整体呈闭合状态。

繁殖芽

形态上或生理上发生特殊变化的营养繁殖器官。通常也是水草的越冬器官。香蕉草上酷似香蕉的部分就是繁殖芽。

穗状花序

花序轴上几乎均匀地附着着许多无柄花。

走茎

沿地面水平爬行生长的枝。也叫横走枝。包括匍匐茎在内，在水族界通常被称作"Runner"。

总状花序

花序轴上几乎均匀地着生许多有柄花，花柄长度大致相等。

组织培养苗

通过组织培养技术培植出的水草苗。由于它在琼脂培养基中生长，所以不用担心藻类、蜗牛或染病，而且受环境影响也不大，近年来已得到快速普及，深受欢迎。

对生

指每个节上着生两片叶的叶序。像牛顿草那样，从上面看呈十字形的叶片叫做十字对生。

地下茎

位于地表下面的茎的总称。除了常见的根茎之外，还有球茎、块茎、鳞茎等。

挺水姿态

具有异形叶的水草，根位于水底，叶柄或茎位于水面以上，并长有挺水叶的状态。

盘状柱头

复合雌蕊中，很多柱头粘连在一起，形成盘状。

沉水植物

至少茎和所有叶片都在水面下，在水底扎根的植物。

水中叶

水草为了在水下生存而长出的特殊叶片。与陆地上的叶片相比，水中叶更柔软，机械组织不够发达。

头状花序

花序轴的顶端着生着许多无柄花，如谷精草科等植物的花。

肉穗花序

花序轴肥厚肉质，如水芭蕉（白花沼芋）花上的黄色棒状部分。

斑纹

同一颜色的部位上出现两种或两种以上不同颜色的小块而形成的图案。

佛焰苞

覆盖住花序的一片大型总苞片，相当于水芭蕉花上的白色部分。

浮囊

植物体的一部分，是叶柄中央位置膨大后形成的多胞质部分，可以使植株漂浮起来。

漂浮植物

根不固定在水底，植物体在水中或水面上漂浮的植物。

浮叶

漂浮在水面上的叶片。叶片表面有气孔。如柔毛齿叶睡莲、圆心萍等水草的叶。

闭锁花

花朵不开放，始终保持在花苞状态下进行自体授粉，结出果实。

孢子叶

蕨类植物中能够产生孢子的叶片。

捕虫囊

食虫植物中能够捕虫的变形叶片。由于叶片已经变为囊状，故名"捕虫囊"。狸藻类水草叶片上的圆粒状部分即为捕虫囊。

实生苗

由种子发育成的苗。

无性芽

指从亲本的营养体中分离出的无性繁殖细胞或小的多细胞体。

有茎草

叶片附着在伸展的地上茎上的水草，在水族界被称作有茎草。

叶鞘

叶的基部扩大，包围着茎的鞘状部分，多见于鸭跖草科等水草。有些叶鞘的边缘部分重叠，有些则粘连在一起形成筒形。

叶状体

茎叶没有区别，不含维管束的植物体。

叶片

叶子的本体，进行光合作用的主要部分。

叶柄

连接叶片与茎，并支撑叶片的柄状部分。

叶脉

在叶片表面看到的条纹。叶片的维管束。

旋生

茎上每节附着一叶的叶序叫做互生。在很多情况下，叶片在茎上呈螺旋状分布，这样的叫做旋生。

轮生

茎上每节附着2叶以上的叶序。附着3叶的叫做3叶轮生，4叶的叫做4叶轮生，以此类推。

后记

我刚开始养水草时，水草常常会枯死。无论怎么弄都不成功，简直令人难以置信。为此，我十分苦恼，但一直在咬牙坚持。当时也没人能指导我，只能靠自己摸索。我把所有能找到的关于水草的书全都读了个遍。每天都在不断地试错。稍有些顺利，就会兴奋得忘乎所以，激情之火一再被点亮，于是变得越发投入起来，想把图鉴上的水草全都养个遍，就这样越养越多。当然，我不可能不遭遇失败。我可以自负地说，我养死的水草数量在日本恐怕无人能及。甚至我怀疑，就是因为这一点，编辑才会找我来做这本书。

不过，能够总结失败的经验总是好的。如果这些经验再能为读者们提供一点帮助，也算是对那些被我养死的水草有一个交代。

在此，我要向了解我惨不忍睹的失败经历后仍愿给我这次机会的山口先生、各位编辑、在本书制作过程中提供了大量帮助的各位人士，以及那些我养过的众多水草们，献上我最诚挚的谢意。

高城邦之

主要参考文献

アクアプランツ（2004~2018）エムピージェー.
和泉克雄（1968）水草のすべて. 緑書房.
岩槻邦男編（1992）日本の野生植物 シダ. 平凡社.
岩月善之助（2001）日本の野生植物 コケ. 平凡社.
加藤宣幸（2014）育ててみたい美しいスイレン. 家の光協会.
角野康郎（1994）日本水草図鑑. 文一総合出版.
角野康郎.（2014）ネイチャーガイド 日本の水草. 文一総合出版.
季刊アクア エントゥ. シーゲル.
月刊アクアライフ. エムピージェー.
ゲルハルト ブリュンナー・ペーターベック（1981）美しい水草の育て方. ワーナー・ランバート
滋賀の理科教材研究委員会（1989）滋賀の水草・図解ハンドブック. 新学社.
清水建美（2001）図説 植物用語辞典. 八坂書房.
谷城勝弘. 2007. カヤツリグサ科入門図鑑. 全国農村教育協会.
浜島繁隆・須賀英文（2005）ため池と水田の生き物図鑑 植物編. トンボ出版.
林春吉（2009）台湾水生與溼地植物生態大圖鑑. 天下文化.
堀田満（1973）水辺の植物. 保育社.
山﨑美津夫（1978）水草の世界. 緑書房.
山﨑美津夫・山田洋（1994）世界の水草. ハロウ出版社.
吉野敏（1991）水草の楽しみ方. 緑書房.
吉野敏（2005）世界の水草 728 種図鑑. エムピージェー.
李松柏（2007）台湾水生植物圖鑑. 晨星出版.
堀田満（1973）水辺の植物. 保育社.
陈耀东・马欣堂・其他（编著）（2012）中国水生植物. 河南科学技术出版社.

AQUARIUM PLANT CATALOGUE. Oriental Aquarium (S) Pte Ltd.
AQUARIUM PLANTS FROM THE COMPANY OF KAREL RATAJ.
Aquarium plants. aquaflora aquarium b.v.
C.D.K. Cook (1974) Water plants of the World. The Hague.
Davide Donati. Catalogo generale Catalog. Anubias.
Eu Tian Han (2002) The Aquarium plant Handbook. Oriental Aquarium (S) Pte Ltd.
G. R. Sainty and S. W. L. Jacobs (1994) Waterplants in Australia. CSIRO.
H. C. D. de Wit (1990) Aquarienpflanzen. Ulmer.
H.W.E. van Bruggen (1990) Aqua-Planta Sonderheft 2 Die Gattung Aponogeton (Aponogetonaceae). VDA-Arbeitskreises Wasserpflanzen.
Hans Lilge (1993) System for a Problem-free Aquarium Dennerle Nature Aquaristic. Dennerle GmbH.
Karel Rataj and Thomas j. Horeman (1977) AQUARIUM PLANTS. T.F.H. Publications.
Karel Rataj (2004) Odrůdy Echinodorů.
Kasselmann, Christel (2010) Aquarienpflanzen. 3rd edition. DATZ Aquarienbuch, Ulmer Verlag.
Marian Øůrgaard・H.W.E. van Bruggen・P. J. van der Vlugt (1992) Aqua-Planta Sonderheft 3 Die Familie Cabombaceae (Cabomba und Brasenia). VDA-Arbeitskreises Wasserpflanzen.
Niels Jacobsen (1979) Aquarium Plants. Blandford Press.
Stefan Hummel (2012) Aquarium plants. Dennerle GmbH.
Tem Smitinand・Kai Larsen (1990) Flora of Thailand: Scrophulariaceae Vol.5 part 2. Chutima Press.
TROPICA AQUARIUM PLANTS. Tropica Aquarium Plants.

作者简介

高城邦之 Kuniyuki Takagi

出生于 1972 年。目前就职于日本的市谷垂钓 · 水族用品中心。对水草的兴趣十分广泛，无论是野生种还是改良品种，均抱有极大热情。入行 30 几年来，遍寻国内外各大水草养殖场，一直在观察、研究各种水草及湿生植物。关于水草的藏书众多。水草栽培的理论和实践知识丰富，为日本《水族生活月刊》《水族植物年刊》等多家水草相关的杂志供稿。著作包括《AQUA COLLECTION Vol.3 Water Plants (White Crane)》《水草カタログ / 水草图鉴》《かんたんきれいはじめての水草 / 简单优美的水草入门》等。

本书相关人员

摄影	石渡俊晴、桥本直之
设计	B4 工作室
造景制作协助	市桥康宽、太田英里华、翁 升、奥田英将、神田亮、岸下雅光、佐藤雅一、志藤范行、角谷哲郎、武江春治、坪田巧、轰元气、中村晃司、新田美月、马场美香、藤森佑、船田光佑、丸山高广、森谷宪一、吉原将史
摄影协助机构	AQUA TAKE-E、Aqua Tailors、AQUA FOREST、Aqua Light、AQUARIUM SHOP Breath、AQUA LINK、AQUA REVUE、AQUA World pantanal、An aquarium.、市谷垂钓 · 水族用品中心、H2、日本宠物交流中心、SENSUOUS、魅力宠物公司、Tropiland、PAUPAU AQUA GARDEN、Biographica、REMIX、roots、神畑养鱼、黑子观赏鱼综合批发店、里奥淡水鱼综合批发店
养殖器材图片协助	ADA、GEX、Delphys